敢走泥泞的路，才能留下清晰的脚印

U0820605

周凯学◎编著

中国纺织出版社有限公司

内 容 提 要

人生总会遇到弯路和坎坷，但谁也没办法替你走完，只有你自己走上泥泞的路，才能留下清晰的脚印，才能抵达梦想的终点站。

本书阐述人生旅途中的种种艰辛，有荆棘、有阵雨、有弯路，深入分析泥泞道路上所需要具备的耐力、勇气、乐观等品质，阐明“敢走泥泞的路，才能留下清晰的脚印”的真理。如果你正在迷茫，那么请选择走泥泞的那条路吧。

图书在版编目（CIP）数据

敢走泥泞的路，才能留下清晰的脚印 / 周凯学编著. --北京：中国纺织出版社有限公司，2021.4

ISBN 978-7-5180-7549-2

Ⅰ.①敢… Ⅱ.①周… Ⅲ.①成功心理—通俗读物 Ⅳ.①B848.4-49

中国版本图书馆CIP数据核字（2020）第112130号

责任编辑：张 羽　　责任校对：高 涵　　责任印制：储志伟

中国纺织出版社有限公司出版发行

地址：北京市朝阳区百子湾东里A407号楼　邮政编码：100124

销售电话：010—67004422　传真：010—87155801

http：//www.c-textilep.com

中国纺织出版社天猫旗舰店

官方微博http：//weibo.com/2119887771

三河市宏盛印务有限公司印刷　各地新华书店经销

2021年4月第1版第1次印刷

开本：880×1230　1/32　印张：7

字数：165千字　定价：39.80元

前言

生命因坎坷而精彩。

是继续工作呢，还是休息一下？是现在开始做事，还是一会儿再做？反正这也并不着急。是努力一把，还是安于现状？这些想法的转换是不是特别熟悉？是的，它可能存在于我们每个人的生活里。每每到这种抉择的时候，我们会做出怎样的选择呢？或许大部分人都会选择安逸的生活、舒适的状态吧。

人生就像是漫长的旅程，当然对任何人来说，独自前行都是最辛苦的，我们可能在路途上遇到一片荆棘，遇到雷阵雨，遇到上坡路，这时我们怎样选择呢？是坚持走下去还是停留在原地？是与困难抵抗还是退缩不前？当然，不管做出什么样的选择都没有错，不管是坚持下去还是停留原地，我们可能都会遇到不同的风景，实在不行还可以再选择一次。但是，人生与旅行不一样的是，我们没有办法在同一个地方选择两次。那么，在人生道路的选择上，请选择那条泥泞的路，因为可以留下更清晰的脚印。

生活就是受虐的过程，我们可能想退缩、想逃避，一旦我们选择轻松的那条路时，那我们做事的认真态度就会大打折扣，也容易埋下失败的种子。从我们踏上那条更泥泞的道路时，就需要打起十二分精神，坚持下去，不管失败与成功，那都是一次自我挑战，更是一次难得的历练。选择泥泞的路走下去，即便失败了，也完成了自我的挑战。既是如此，我们就应该把“选择泥泞的那条路”作为行事准则。

松浦弥太郎说：“迷失的时候，选择更艰辛的那条路。”或许你也想过放弃，也想过随波逐流，也想过剑走偏锋，也想过走最简单的路，但却可以选择走更艰辛的那条路。俗话说得好：“人往高处走，水往低处流。”我们选择那条更泥泞的路，就是为了更高地拓宽眼界，增长阅历，孜孜不倦，追求更上一层楼。一旦我们踏上泥泞的道路，就应该善始善终。有一个好的开始就是成功了一半，不管一件事情艰难与否，能够坚持到最后的人才是最后的赢家，才是人生的赢家。

编著者

2020年11月

目录

第1章 人生多泥泞，勇敢走过才不留遗憾

如果把人生比喻为行走之旅，那么这条路上总会充满泥泞与水洼，一脚踏进去，可能泥点便溅湿了鞋子，或许走了很长一段旅途之后，便会心生困顿。然而，不管如何，我们只有走过泥泞，才能迎来成功。

泥泞路上，留下征服者的脚印

细心的朋友们会发现，走在坚硬的地面上，很少有人能够留下脚印，而走在充满泥泞的道路上，却会留下清晰的脚印。这是因为坚硬的地面走起来很容易，也让人生的脚步变得轻飘飘的。而泥泞的地面走起来尽管艰难，却能够给人更深刻的理解和感悟，也会促使人不断地成长和成熟。人生的道路漫长而又曲折，几乎人人都盼着自己的人生之路一帆风顺、顺遂如意，然而，人生不如意十之八九，这也注定了每个人在人生之路上都要走过坎坷和挫折，才能到达理想的彼岸。既然如此，我们还有必要在面对人生的困境时犹豫不决，且瞻前顾后吗？纵使前面是刀山火海，如果人生没有退路，我们也只能勇往无前。

如今，明星的出镜率很高，也有无数人羡慕明星的光鲜亮丽，羡慕明星的星途一片灿烂。但是他们却不知道，那些看似高高在上的明星在真正出名之前曾经吃过多少苦，又付出了怎样的艰辛努力。这个世界上，既没有免费的午餐，也没有一蹴而就的成功，一个人要想与成功结缘，就要超越自己的内心，让自己变得坚强勇敢。众所周知，好莱坞硬汉史泰龙是个大名鼎鼎的演员，但似乎却没有人知道，史泰龙在真正成名之前，遭遇了多少坎坷挫折与无情的拒绝。看了史泰龙的事迹，也许我们对于成功就会有更深刻的理解和感悟。

高中毕业后，史泰龙就梦想着成为众人瞩目的演员。然而，他既没有优秀的外形条件，也没有进行过表演方面的学习，更没有任何表演的天赋，可想而知，对他而言要想在演艺道路上崭露头角是多么艰难的事情。但是史泰龙并没有放弃，而是努力去做，一步一步地接近自己的理想。

正如人们常说的，世界上的事情都怕认真二字。史泰龙想到了就当即去干，他去到好莱坞，四处拜访制片人、导演和明星，甚至想方设法与那些普通的演员攀上关系。然而，他把所有能找的人都找了个遍，依然没有如愿以偿当上演员。为了最大限度接近自己的梦想，史泰龙进入好莱坞当零工、打杂，做各种各样的笨重活儿。他一边工作，一边寻找机会，为了当上演员，甚至亲自创作剧本。有一个导演虽然看上了他的剧本，却拒绝由史泰龙担任主角，为此，史泰龙充满希望的心又暗淡下来。即便如此，史泰龙也没有气馁，后来终于有一个导演愿意先拍摄几集史泰龙的剧本，也答应让他担任主角，但是史泰龙最终能否继续出演，则要看他的表现。出乎这个导演的预料，史泰龙主演的电视剧刚刚播出第一集，就突破全美最高收视率，创造了电视剧的收视奇迹。从此之后，史泰龙成为整个美国乃至全世界都声名显赫的大牌演员。

如果史泰龙在最开始遭遇拒绝时就选择放弃努力，那么如今的好莱坞就会少一个硬汉演员，而多一个默默无闻的勤杂工。正是因为史泰龙的坚持，正是因为他决不放弃的精神，他才能够在人生中有更好的发展，也才能够突破自我、成就自我。

每个人都应该记住，在这个世界上，只有在充满泥泞的道路上，才能留下征服者的脚印。否则，遇到小小的困难就放弃了，面对很多事情都措手不及、不知所措，那么最终的结果就是黯然失败，再无任何成功的可能性。记住，人生掌握在你的手中，命运也掌握在你的手中，你的心决定了人生的方向，你的努力决定了你在人生之路上能够走多远。朋友们，选择一条属于自己的道路，坚定不移、勇往直前地走下去吧！

做人生的鼓手，始终行走在前列

在人生路上，我们常常会面临很多的危险，也需要做出让自己感到很紧张的抉择。由此，我们可以说人生是由一个个选择组成的，因为不管是成功还是失败，都是选择的结果。要想拥有从容的人生，我们就要在面对人生的时候做出理性的决断，而不要总是患得患失、犹豫不决。要知道，既然是选择，就要承担风险，尤其是很多事情并没有先前的经验可以借鉴，在这样的情况下，就更是要理性思考、全面衡量，从而在打定主意之后勇往无前地去做。这样的人生，才会充满无限的可能性，也才会精彩绝妙。

很多人都胆小，他们不愿意承担人生的风险，害怕因此而陷入人生的旋涡和困境之中无法自拔。实际上，喜欢炒股的朋友都知道，风险总是无处不在的，有的时候，更高的收益一定伴随着更高的风险，这个世界上绝对稳妥的事情根本没有。所以我们要做的不是躲避风险，而是要调整好自己的心态，让自己勇敢接纳生命本来的样子，也从容不迫地面对人生、悦纳人生。

曾经有一位名人说，人最大的敌人就是自己。这是因为对于每个人而言，往往由于主观意识的局限性而导致陷入自我认知的误区，也无法主动自发地调整好心态。面对人生的各种困境，人难免会有趋利避害的本能，如果任由这种本能发展，则人生就会止步不前。也有很多人抱怨人生一成不变，其实，一成不变不是由命运决定的，而是由人的心态决定的。只有敢于冒险的人，才能给予人生无限的可能性，也因为敢想敢干，他们就像是人生的鼓手一样，始终行走在人生的前列。

塞伦盖蒂大草原位于辽阔的非洲，每到夏天的时候，非洲干旱少雨，塞伦盖蒂大草原也会陷入干旱少雨的状态，为此原本生活在塞伦盖蒂大草原的角马，就没有足够的水源可以饮用。为了生存，它们不得不长途迁徙，奔赴马塞马拉湿地。马塞马拉湿地与塞伦盖蒂大草原相距遥远，角马必须长途奔袭。

在这个迁移过程中，它们唯一经过的水源就是格鲁美地河，除此之外，它们只能忍受干渴。对于角马而言，格鲁美地河就像是它们行程中的驿站，可以帮助它们补充身体所缺的水分。然而，格鲁美地河可不像它的名字听起来这么美，它是水源地不假，但它不仅是角马的水源地，也是其他各种生物赖以生存的水源地。为此，格鲁美地河有很多的大型凶猛食肉动物，水里还有鳄鱼悄无声息地潜伏着。

在靠近格鲁美地河的时候，有些胆怯的角马由于害怕危险，选择不去喝水，但是没有得到水分补充的它们在继续前行的过程中，往往都被渴死。而有些角马胆量比较大，也想得清楚不喝水是必死无疑，喝水也许还能得到活路这样的道理。为此，它们冒着生命危险去河边喝水，它们快速果断，很快就喝饱了。然后，它们飞速离开河边，奔向马塞马拉湿地。

不同的角马有不同的选择，有的选择远离危险，却也失去了生机；有的选择冒险，只要很小心很快速，就能大大提升成功求生的概率。在现实生活中，我们也和角马一样常常需要冒险，如果为了躲避危险、拒绝失败，而把成功的可能性也完全抹除，那么就会彻底与成功绝缘。做人，不能因噎废食，不管是面对从未经历过的事情，还是要面对曾经遭遇过失败打击的事情，我们都要更加努力进取，勇敢无畏地去尝试，去做到最好。

现代社会，竞争如此激烈，如果一个人在面对人生的时候总是故步自封，甚至把自己当成套中人一样藏起来，不愿意面对真实的生活，那么他就会失去很多的机会，也会导致自己的成长处于停滞的状态。记住，没有风险就没有收益，不会冒险的人也永远不可能获得举世瞩目的成功。如果你愿意破釜沉舟，放手一搏，你的人生一定会绽放异样的光彩，你的未来也一定会呈现出与众不同的精彩！

即使匍匐在地，也要继续前行

每个人都希望自己的人生是蜜里调油，但是实际上人生从来不是甜蜜的，也不会是一帆风顺的。面对人生，我们总是会遭遇各种坎坷挫折，也会在无形中发现人生总是无奈，总是带给我们很多的惊喜和更多的惊吓。难道我们因此就要放弃人生，在人生中彻底舍弃自己吗？当然不是！我们反而要更加勇敢无畏地面对人生，也要在人生道路上无所畏惧地坚定前行。既然哭着也是一天，笑着也是一天，我们为何不笑着度过人生中的每一天呢？既然面对人生悲苦也是一程，喜悦也是一程，我们为何不拼尽全力从生命历程中感受欣喜呢？人生固然是由很多客观存在的事情组成的，但实际上，人生更大程度上取决于我们的内心。心若改变，世界也随之改变。当我们梦想着改变世界的时候，也许会毫无收获，而如果我们能够先改变自己，反而会无形中影响身边的人和事情，从而让一切都得到改变。

人生的底色从来不是绚烂，而是灰蓝色调的沉重和朴素。所以不要期望着人生如同烟花般绚烂多彩，而是要努力地调整好自己的心态，也要全力以赴激发自己的行为和斗志，从而让自己即使匍匐在地也要继续前行。曾经有一位记者采访一个百岁老人：“您活过了一个世纪，有什么感想呢？”老人含糊地说：“熬。”记者一开始没有听清楚老人的话，老人再次清晰地吐出一个字——“熬”。记者感到很惊讶，原本她以为老人活过百岁，一定会对人生有很多的感慨，没想到老人却以这么一个字作为总结。然而仔细想想，老人经历过封建社会，经历过战争，如今生活在和平的年代里，她的一生饱经磨难，所以她以“熬”字作为对人生的总结，其实是很贴切的。人生就是需要熬，熬也是对于时间最形象生动的诠释。通常情况下，快乐的时光总是过得很快，而艰难的时光就需要熬，才能不断地努力前行，才能从容地应对自我。也只有熬过去，人生才会有更加绚烂的绽放。

人的本能都是趋利避害，很多人面对人生的坎坷与困厄，常常会胆怯，也会感到内心焦灼不安，甚至故意逃避。其实，只要活着，就要面对一切，就要在人生前进的历程中不断地努力进取，才能让自己有更好的成长和发展。生活从来都不是甜蜜的，更多的是苦涩，有的时候命运之手最爱捉弄人，还常常会让我们陷入各种被动的状态之中无法自拔。在这种情况下，一味地沉浸在苦难之中自然会让我们的人生停滞不前，与其逃避，不如积极主动地抗争。众所周知，贝多芬是非常伟大的音乐家，他的作品是那么悲怆，也往往带给人力量。然而，很多人都不知道，贝多芬一些优秀的音乐作品，都是在耳聋之后才创作出来的。可想而知，对于一个音乐人来说，耳聋意味着什么。即便如此，贝多芬也没有向命运妥协，而是非常努力去抗争，从而让自己的人生有更好的绽放。

人生之中，往往会有很多的逆境出现，有些逆境很容易战胜，而有些逆境则会让我们面临失败和打击。越是在这样的情况下，我们越是应该全力以赴面对人生。要知道，生命从来不会重来，与其一味地逃避和退缩，不如勇敢地迎接生命的挑战，在生命的历程中勇往直前、无所畏惧。

归根结底，时间是非常宝贵的，如果我们总是因为各种原因而沉迷，不知道如何才能提升自己的速度，那么当千载难逢的好时机转瞬即逝后，我们就会陷入被动之中，被生命困厄住。所以，勇敢地面对生命的磨难，实际上也是珍惜时间的好方法。任何时候，我们只有全力以赴做好该做的事情，无所畏惧地在人生旅途中朝着前方奋进，才能做到兵来将挡、水来土掩，才不会因为杞人忧天而束缚住自己成长和进步的脚步。

现代社会，生活的节奏越来越快，每个人都承受着巨大的生存压力，根本不知道如何应对繁忙沉重的生活。为此，很多人都会感到迷惘，不知道自己的前路在何方，也会觉得内心惶惑，面对人生的各种较量，常常会退缩和怯懦。如果人生不得不面对，这样的暂时逃避又有什么作用和意义呢？只有努力地向前，无所畏惧地勇往直前，我们才能在人生的道路上坚持奋进。当初，玄奘去印度取经，历经磨难，才能够取到佛经。司马迁在遭受宫刑之后，依然在狱中坚持创作《史记》。对于司马迁而言，这样的耻辱和痛苦，都是让他更加努力创作《史记》的动力。人生从来无所畏惧，我们必须坚持向前，才能在成长的道路上不断地成长，持续地进步，也才能最终成就自己。

任何时候，都不要抱怨人生苦，只有在人生的苦涩中坚持成长、无所畏惧，我们才能经营好人生，也才能在人生的历练中不断地强大起来。记住，人生没有回头路可以走，有的时候，我们在人生之中还会面临危崖，这时我们要让自己更加全力以赴，破釜沉舟，才能英勇无畏地向前，才能全力以赴奔向成功。

做个有雄心的人，激情将被点燃

曾经有个年轻人非常贫穷，为了改变自己的命运，他付出了很多努力，后来他终于成为大富翁，创造出自己光鲜亮丽、功成名就的人生。几十年很快过去了，年轻人成为一个白发苍苍的老者。在得知自己身患绝症、生命即将走向尽头之后，老者决定给这个世界留下一个谜语，并且设立了巨额奖金，奖励给能够猜中谜底的有缘人。谜语很简单，只有一个问句："在这个世界上，和富人相比，穷人最缺少什么？"在老者去世之后，律师按照老者的委托在报纸上公开征集答案，也宣布了猜中谜底者将会获得巨额奖金。

很快，信件就如同雪片一样纷至沓来，人们给出了各种各样的答案，诸如机遇、运气、贵人、财富等。这些答案千奇百怪，各有各的理由。后来，在到达规定时间之后，律师和公证处的人按照老者的遗嘱向公众公开答案。原来，答案是——雄心。在这么多来信的人之中，只有一个小女孩的答案是正确的。为此，小女孩得到了巨额奖金。

伟大的军事家拿破仑曾经说过，不想当将军的士兵不是好士兵。这也告诉我们，一个士兵固然要做好本职的工作，却也要有雄心，才能激励自己的人生不断进取和发展，也激发出人生的所有潜能奔向伟大的雄心目标。当然，除了雄心之外，还需要富有激情，才能够激励我们不断地在实现雄心的道路上努力奋进。这样一来，雄心才能照进现实，让人生璀璨发光。

1999年，大多数人都还不知道阿里巴巴为何物，甚至对于网络也没有那么熟悉，马云就已经立下豪言壮志："我们的公司要做80年，我们的网站要进入全球前10名。"其实马云决定做网络生意的时候，同伴们就很不看好，也不够理解，但是他们对马云非常忠诚，也很信任，为此他们全都选择相信并且全力以赴地支持马云。

就在1999年，蔡崇信到阿里巴巴去考察。马云满怀激情地向蔡崇信介绍自己的公司和网站。当时，蔡崇信任职于某著名的投资公司，年薪是75万美元。可以说，蔡崇信不但有阅历，也有实力。正是这样一个人，居然在马云的劝说之下决定辞掉年薪75万美元的工作，当即决定要加盟阿里巴巴。那么，阿里巴巴给蔡崇信的薪水是多少呢？看到这里，你一定以为马云给了蔡崇信比此前更高的薪水，才能打动蔡崇信，然而事实并非如此。马云给蔡崇信开出的薪水是每月500元人民币。看到这里，相信你都会惊讶地张大嘴巴感到难以置信：这个资深投行的成功人士难道脑袋短路了吗？居然做出这样疯狂的决定。其实，不是蔡崇信疯狂了，而是在马云激情的驱使下变得疯狂了。后来，马云也正是凭着激情，才争取到软银集团董事长2000万美元的投资，而马云获得这笔投资只用了6分钟和对方沟通。

不得不说，激情是一种非常伟大的力量，可以让人在短时间之内就被点燃。即使是面对难于解决的问题，如果能够得到他人充满激情的阐述，也得到他人的承诺，那么就可以让人相信问题一定能够得到解决。激情不但可以燃烧别人，更是会燃烧自己，所以一个富有激情的人往往是非常自信的，他们坚信人定胜天，也坚信办法总比困难多。面对同样的问题，有激情的人能够勇敢地解决问题，而没有激情的人却只会在困难面前缴械投降，还会导致人生陷入更深的困境之中。

要想拥有雄心和激情，我们首先就要树立梦想，只有远大的梦想和志向，才能支撑着我们富有野心，才能让我们满怀激情。其次，我们还要注意方式方法。很多时候，如果用力过猛，就会导致虽然付出了很多的努力，却只赚取个拼命的结果，而对于事情实际的解决并没有切实的帮助，甚至还会因为方向错误而导致南辕北辙。所以在全力以赴去努力之前，一定要保证方向正确，这样才能够更加快速地奔向成功。最后，凡事都要获得可持续性发展，要想让雄心和激情能够长久地激励我们，还要保持平常心，不要对结果有过高的期望。任何时候，我们都要全力以赴面对未来，既要争取一切的机会和成功的可能性，也要做好自己该做的事情，绝不能因为雄心和激情就迷失自己，当最糟糕的结果出现时也能够坦然面对，这才是最重要的。

需要注意的是，雄心和激情都要适度。所谓凡事皆有度，过度犹不及，如果雄心太大、激情太盛，就会导致人生陷入困境而无法自拔，很多事情反而会变得更加糟糕。总而言之，在激情燃烧的人生里，也要跳脱出努力的怪圈，从而让人生获得可持续发展，也让人生获得更多的收获和更大的成功。

认真做事，把事情做对

常言道，世间事就怕认真二字。对于每个人而言，用心是最重要的事情，因为不管面对的事情是烦琐还是容易，只要用心，就能够排除万难，解决问题，这才是每个人都渴望看到的结果。在心理学领域，有一个著名的定律，叫作一万小时定律。这个定律告诉人们，要想获得成功，哪怕是面对自己并不非常喜欢的事情，只要坚持付出一万个小时，就会获得成功。为了证明这个定律，一位心理学家用自己的三个女儿进行实验。他让三个女儿都学习国际象棋，其实他的女儿们对于国际象棋并不是特别喜爱，甚至不知道国际象棋为何物。但是，在坚持长期学习国际象棋之后，他的三个女儿都成为大名鼎鼎的国际象棋大师。由此可见，只要努力用心，就能把事情做好，也能让问题变得简单。

毋庸置疑，一个人要想在特殊的领域里取得成就，就一定要非常努力用心，而不要总是对于事情怀着抱怨的态度或者抵触的心理，更不要总是对于事情不耐烦。任何时候，面对人生，我们都要像孩子那样怀着强烈的好奇心，也要拥有探索的精神，这样才能够透过事情的表面看到事情的本质。很多父母都会发现，孩子对于很多事情都怀着强烈的好奇心，如他们非常乐于冒险，也喜欢通过各种方式来探索世界。对于感兴趣的事情，如发现了一只蚂蚁，或者看到了一只蝴蝶，他们都会专心致志地观察很久。有的时候，几个月的小婴儿还会拿着一个碎纸片玩很久，在成人心中非常乏味的事情，他们却兴致勃勃地投身其中，这就是因为他们非常用心。

然而，随着不断的成长，原本对于世界充满好奇也勇于探索的孩子，渐渐地对于人生的各种状态开始感到乏味，他们的兴趣范围也变得越来越窄，好奇心变得萎靡不振。于是，他们开始抱怨人生是无趣的，也觉得自己对于人生缺乏激情。不得不说，这都是因为不够用心的原因。生活如此琐碎，常常让人在努力的过程中迷失自己。为此，我们一定要非常认真慎重，才能做好该做的事情，也才能让一切都顺利推进。记住，如果事情实在太多，不如就让自己沉静下来，学会舍弃。要把宝贵的时光用在重要的事情上，而不要用来做那些无关紧要的事情。唯有如此，我们才能更加拎得清，也才能分清楚人生的轻重主次，从而让未来变得更加美好，让人生值得期待。

成长固然重要，但是成长的代价不是变得平庸，而是要保持对于人生的积极性和热情。遗憾的是，有太多的人在走入社会之后，由于人生面临诸多的困境，常常需要处理各种各样的琐事，为此他们根本无法全身心投入地做好每一件事情。实际上，生命的神奇魅力并不因为时光的流逝而减弱，面对生命中那些艰巨的任务，我们一定要鼓起勇气去挑战，而不要总是漫不经心、麻木不仁，更不要丝毫提不起兴致，导致人生就这样沉沦。

常言道，人生不如意十有八九，很多时候，不如意就是人生的常态。既然如此，我们就不要被人生吓住，越是在人生中艰难的时刻，越是要全力以赴做好自己该做的事情，才能创造属于自己的辉煌。有些朋友误以为，是否认真用心，对于人生其实并没有太大的影响。实际上，非但有影响，而且影响还很大。在成长的道路上，我们一定要非常努力勤奋，才能振奋精神，即使面对同一件事情，是否认真用心，结果是完全不同的。哪怕是面对一件简单的事情，要想把事情做好，也是要非常认真用心的。所谓世上无难事，只要肯攀登，任何时候，我们都要全力以赴做好该做的事情，这样才能激发自己的所有潜能，才能让自己的人生获得成就。

细心的朋友会发现，在现实生活中，那些有所成就的人，都是怀有激情的人。而那些总是与失败结缘的人，则总是郁郁寡欢，对于任何事情都提不起兴致来。既然哭着也是一天，笑着也是一天，我们为何不笑着度过人生的每一天呢？换而言之，既然主动生活也是生活，被动生活也是生活，我们为何不选择更加积极主动的方式去面对生活，这样未来还有可能获得更多的收获和更伟大的成就呢！

如今的社会，各行各业竞争非常激烈，每一个企业、商家，都想以诚意之作打动消费者的心，获得消费者的认可。那么作为生命的个体，在面对人生的时候，我们也要打造诚意之作，这样才能在成长的历程中获得更加长足的发展和进步，也让人生得到更多的机会和更大的成功可能性。

让梦想沉淀，雄心与努力并行

现实生活中，我们总会遇到这样的人：他们认为自己能力很强，经常手高眼低，但是当机会来临的时候，却又总是把握不住。然后就开始充满怨愤地质疑命运，却从不从自己身上找原因，询问一下自己这是为什么。我想说，想要获得成功，必须在机会来临之前，做好最充分的准备，这样才能够等到机会来临的时候，一击即中。

记得上小学三年级的时候，我们学校组织了一次演讲比赛。平时就很喜欢演讲的我对自己信心满满，认为这个冠军必定是属于我的。而我的这份自信，也不完全是空穴来风，因为平时在班级中，老师就非常认可我的演讲才华，经常让我当众演讲。依稀记得那次比赛的第一名，可以获得一个篮球和200元的现金奖励，这对于当时年纪还小的我来说，算是莫大的诱惑了。当我兴致勃勃地将这个好消息告诉妈妈的时候，妈妈告诫我一定要好好地准备比赛，因为天外有天，人外有人。我们学校有那么多的同学，我却不一定是最优秀的一个，因此一定要做最努力、准备最充分的那一个，这样，才有可能会得奖。

然而，那时内心充满骄傲的我哪里能够真心听进母亲的这番话。嘴上信誓旦旦地对妈妈做着保证，心里却早已有自己的打算。我告诉妈妈，请她放心，学校的演讲比赛我都参加过好几次了，这些都是小意思，我一定会好好准备的。但是内心深

处的我却对自己充满自信，认为就算自己不准备，也一定能够得到第一名。

后来，演讲比赛我只得到了第三名，不仅同大奖擦肩而过，就连这个第三名也差一点就失之交臂。这样的结果让我羞愧了很久，也给我留下一个深刻的教训，让我往后的每一个时刻，都不再敢随意骄傲。更让我明白：人生永远都是天外有天、人外有人的，你拥有的雄心，别人未必没有。而当人人都拥有雄心的时候，关键就看你有没有足够的实力能够支撑了。

其实，我们每个人都有过充满雄心的时候，尤其是自己年轻的时候。就像小的时候，很多人都认为自己将来一定能够成为拯救世界的英雄，但是等到长大以后才发现，有时候，一把柴米一把油盐的生活就足以让我们感到为难，不要说成为拯救世界的英雄，我们甚至成为不了拯救自己的世界的人。于是，随着年纪的增长，经历的挫折越来越多，我们的雄心也渐渐地退化成决心，决心后来变成安心，安心又变成随心，而随心随后变成了无心改变。直到最后，我们竟然堕落到开始去嘲笑那些有雄心的年轻人。

依稀记得上大学的时候，大一刚刚开学的第一课，就是由班主任为我们讲解大学四年的目的和意义所在。他说，你可以选择每天在宿舍里看看电视剧、打打游戏，因为大学里的课程安排很松，不像高中一样从早到晚地学习，也不像小学一样，整天有人在你的耳边叮嘱你赶快看书，督促你抓紧学习；你也可以选择将大部分的时间用来参加学院和学校组织的各种社团活动，增强你的人脉关系，锻炼你的组织能力，毕业以后能够以最快的速度融入社会；你还可以选择每天勤奋读书，考取尽可能多的资格证书，赚取奖学金，成为小富婆，做同学中的小赢家……选择有很多种，你能走的道路也有很多。你最终决定走哪一条路，完全看你有什么样的野心。而不管你的雄心是什么，你都需要付出足够多的努力。当你通过不断的努力，积累到足够的才华，你才能够有选择未来工作的权利，才能够有选择未来人生道路的权利。如果你什么都没做，什么都未争取，即便你有那么多的雄心，但是没有能力获得与你雄心相匹配的工作，那一切也都只是白日做梦。

确实，只有当你的才华配得上你的雄心的时候，你才能够获得与自己能力相匹配的工作，你才会感受这世间的美好和一切事情的最好安排。否则，你所抱怨的今天，不过都是来自你不努力的昨天。只有当我们提前做好充分准备的时候，我们才有可能抓住那刚好的机遇，从而实现自己的雄心，难道不是吗？人们都说，机会从来都是留给那些有准备的人，在机会来临之前，我们哪怕失败过一万次，但是这一万次其实都是为那最后一次的成功在探路。因此，当你对自己的学习成绩感到不满意的时候，就去认真看书，寻找正确的学习方法，努力提高自己的学习成绩，为将来拥有更多的选择的机会打下基础，不断努力；如果你对自己目前的工作状态不太满意，那就努力提升自己的专业能力，为自己将来的跳槽做好充分的准备；如果你对自己目前的人生规划不太满意，那你应当更加努力，才有可能跳出窘境，摆脱现在如此糟糕的局面。

人生的机会永远都只会留给那些有准备的人，梦想也永远只会为有才华的人锻造。人生的答卷永远都是由我们书写，人生的道路也永远由我们铺设。由此，与其羡慕别人所处的位置、达到的高度，不如让自己放手一搏，奋力争取。要知道，这个世界就是这么残酷。人们从来只会看到你最后达成的结果，却不会在意你在这个过程中究竟付出了多少。如果你想要房子，想要车子，想要环游世界，想要给自己的家人更好的生活，那就只有付出足够多的努力，让自己的梦想慢慢变成现实。

人生路上的每一步都需要我们脚踏实地，只有趁现在开始积蓄自己的能力，为实现自己的梦想打下坚实的基础，慢慢地走稳当下的每一步，日后你想要的生活才会慢慢属于你自己。人生的幸福都是靠自己奋斗出来的，只有你拥有足够多的实力，所有的梦想才会变得触手可及，所有的雄心才不会被轻易地辜负。

第2章 努力向前的人，终能走出自己的人生之路

努力向上，是生命最美丽的姿态。生活充满了无限的可能，不能因为害怕失望就放弃希望，也不能因为担心挫折就裹足不前。不管前方有什么在等待着我们，坚定信念，努力向前，始终能走出自己的人生之路。

坚持梦想的人，才能让人生梦想成真

人生如果没有梦想，就只剩下眼前的方寸之地，根本没有远方可言。所以有人说生活不只有苟且，还有诗和远方，我们也要说，生活不止眼前的方寸，还有梦想和远方。梦想是指引人生的灯塔，一个真正把梦想作为奋斗的目标，也为了梦想而坚持不懈去努力的人，一定能够更加快速地实现梦想，也可以因此而改变自己的命运和未来。相反，如果没有梦想的指引，始终关心眼前的事情，那么人生还谈何高度，又谈何未来呢?

即使做着生活中最普通而又简单的事情，我们也依然可以怀揣梦想。对于每个人而言，梦想都是不同的，对于成功的定义也是不同的。所以在为人生设定梦想的时候，不要被现实局限住，也不要先自我否定了梦想。要相信，只要全力以赴去实现梦想，只要不遗余力为了梦想而拼搏，就一定能更加接近梦想。

作为一名教师，艾伦让学生写了一篇作文《我的梦想》。在这篇作文里，每个孩子都非常认真地写下了自己的梦想，表达了对于生命的期待。有的孩子梦想成为老师，长大之后教给学生知识；有的孩子梦想成为医生，救死扶伤，治病救人；

有的孩子希望可以成为传教士，为人们布道，拯救人们的灵魂……总而言之，大多数孩子都有看起来很美好，只需要努力就能实现的梦想，唯独杰米的梦想让老师非常惊讶，也绝不相信杰米能够实现他的梦想。原来，杰米的梦想是将来拥有属于自己的一大片农庄，农庄里不但种满了各种鲜艳的花朵、新鲜的果蔬，而且有大片的房子，提供给前来农庄参观和度假的人居住。要知道，杰米的爸爸只是一个普通的农民。为此，艾伦对杰米说："杰米，你的梦想太不切实际了。梦想不是只用来说说而已的，而是要有实现的可能性。"杰米告诉艾伦："我真的是想去实现的，这就是我的梦想。"劝说无果，艾伦索性对杰米说："如果你不改变梦想，那我只能给你C，而不能给你A。"最终的结果是，杰米宁愿得到C，也不愿意改变梦想。

若干年后，即将退休的艾伦在整理阁楼的时候，发现了这厚厚的一摞作文本。艾伦重新翻看起这些作文，想起了同学们当年的梦想，她突发奇想，决定把这些作文都寄出去。为此，她在报纸上刊登了启事，寻找当年的同学来认领自己的梦想。很多同学看到启示之后，都写信给艾伦，艾伦也根据来信的地址把梦想寄给了他们。唯独那个叫杰米的男孩，迟迟没有出现。有一天，艾伦带着她的最后一届学生去附近的一个大农庄参观，在她下车的那一刻，居然看到成年版的杰米就站在她的眼前，正对着她微笑呢！艾伦惊讶极了，杰米骄傲地对老师说："老师，这就是我的农庄，欢迎您的到来。"艾伦惊讶得合不拢嘴，杰米果然实现了他的梦想，这简直是一个奇迹！

对于被老师评价为不切实际的梦想，杰米始终在坚持着，也在努力去做，正因为如此，他才能一步一步距离自己的梦想越来越近。任何时候，如果有人嘲笑你的梦想，或者觉得你的梦想不切实际，都不要轻易放弃，而是要坚定不移地相信自己的梦想一定能够实现，这样才能迸发出更大的力量，也促使自己不断地走向伟大的梦想和目标。

有人说，思想有多远，人生就能走多远，实际上，梦想有多远，人生也就能走多远。不要总是对于人生感到懊丧，只有此刻的坚决和毫不迟疑，才能推动你朝着梦想不断前进和努力。如果把人生比喻成茫然无边的海洋，那么梦想就是灯塔；如果把人生比喻成漫无边际的黑夜，那么梦想就是暗夜里的明灯。总而言之，梦想指引着人生的方向，也为人生提供源源不竭的动力。只有坚持梦想的人，才能梦想成真。

主动求变，成长路途上砥砺前行

在大自然中，万事万物始终遵循着一条铁律，那就是弱肉强食。自然学家经过研究发现，整个自然界中的生物，都在遵循弱肉强食的规律，其实不仅自然界里的生物如此，人类社会也是如此。正是这个规律构成了食物链，让自然界运行有序。

如果你曾经看过《动物世界》，你就会对于老虎、狮子等凶残的肉食动物捕捉食物的情形印象深刻。在整个动物界里，猎豹的奔跑速度是最快的，它就像一支离弦的箭一样，以最快的速度接近猎物。但是，猎豹也是有智谋的，并不会始终都以奔跑的方式去追逐猎物，而是常常会隐藏在草丛之中守株待兔，等到猎物靠近的时候，再以迅雷不及掩耳之势去杀死猎物。当然，如果猎物本身的体形比较强大，如羚羊、斑马等，那么在体形上并不占据很大优势的猎豹就要颇费一番周折。

猎豹属于猫科动物，身体柔韧性好，行动起来非常迅速，也是食肉动物，为此它在自然界里对于食物的要求是很高的，它不吃死掉的动物，只吃刚刚捕杀的新鲜猎物。当然，在食物链的底端，那些小动物很畏惧猎豹，一旦看到猎豹就会仓皇地四散逃开。为此，小动物们只能抱团取暖，联合起来去寻找安全的生活环境，或者彼此通风报信，警示整个小动物群体，赶紧逃散，保住性命。不过，就是在这样颠沛流离的奔忙之中，小动物们还是会遇到各种大型食肉动物。然而，物竞天择，这也是自然界里生存的定律，适者生存，弱肉强食，从而维持着整个自然生态链条的平衡状态。

不仅自然界里生存的环境越来越恶劣，在人类社会中，各种竞争也是异常激烈。企业要想更好地生存下去，就必须不断地推陈出新，这就使得企业在聘用人才的时候，也对他们提出了更高的要求。所以说，整个社会的动态都是环环紧扣的，不能孤立开来去看待。

人，到底为什么这么努力地去奋斗呢？有人说是为了赚钱，有人说是为了出名，有人说是为了获得权力。然而，一切的追求都可以归结为获取更大的选择权。要想拥有更大的选择权，就必须努力提升自己，让自己进入人类食物链条的顶端，这样才能成为真正的猎豹，可以挑剔食物，而不必像很多食肉动物那样只能吃腐败的食物。

电影《我不是药神》，给很多人都留下了深刻的印象。换个角度来看，在抱怨天价药物的同时，我们也应该反思：为什么有的人吃得起进口药，有的人却吃不起呢？实际上，这正是因为大多数人都在贫困线上挣扎，没有很好地把控命运。当然，让每个人都家财万贯也是不现实的，然而，作为普通人，我们也要更加积极主动地把握命运，这样才能在成长的道路上砥砺前行，绝不畏缩和退却。记住，命运尽管没有完全把握在我们自己手中，我们也是这个世界上最能够掌控命运的人。任何时候，都不要随便放弃自我，因为只有你自己才是你的救世主，才是决定你的前途和命运的上帝。

现实生活中，有太多的人生活得过于顺遂如意，为此他们根本没有想过要主动寻求改变，也没有想去创造崭新的人生。然而，命运总是公平的，对于那些不主动求变、贪图安逸的人来说，总有一天，命运会逼得他们不得不奋起努力，从而真正地改变命运。与其被动改变，不如主动改变，这样才能占据先机，也才会拥有更大的主动权，最重要的是，可以让自己摆脱最底层的生活，从而占据更大的优势，让自己的人生天高地阔。

没有伞的孩子，必须奔跑

人生的道路从来不会迷失，每个人只要愿意走，就总能走出属于自己的道路来。正如鲁迅先生所说的，这个世界上本没有路，走的人多了，也便成了路。为此，任何时候都不要寄希望于道路是现成的。新生命从呱呱坠地开始，就接受父母的照顾生存，随着不断的成长，他们不得不独立行走人生之路，这对于他们而言是极大的挑战，也会给予他们的成长带来很多的障碍和困难。但是即便如此，也不要总是漫无目的地行走，更不要跟在别人后面亦步亦趋。一个人，只有拥有自己的理想和目标，也只有确定人生的方向，才能把该走的道路走好，也才能让人生有更加美好和值得憧憬的未来。

人生，既要有不断向前走的勇气，也要有随遇而安的胸怀。在人生的道路上，每个人都不可能做到永远向前，既然如此，就要调整好心态，走走停停，在应该奔跑的时候用尽全力去奔跑，这才是最重要的。

有个男孩出生贫苦，好不容易考入大学，在离开家去学校的时候，父亲只给了他七拼八凑而来的学费，以及去学校的路费和一个月的生活费。父亲原本想让男孩辍学打工，但是男孩不愿意，坚持要上学。为此男孩与父亲进行了约定，父亲只为男孩提供一个学期的学费、一趟路费和一个月的生活费，其他的费用，需要男孩到学校之后自己努力赚取。

到了学校，男孩放下行李的第一件事就是四处找工作。然而，除了学校的食堂需要勤工俭学的学生之外，他没有其他事情可做。男孩思来想去，向班主任老师申请了特困生补助，但是他并不想这样艰难地度过学校里的生活，为此他决定继续努力，一定要改变命运。新学期开学半个月后，男孩看到宿舍里的男生因为沉迷于打游戏而不愿意出门吃饭，他突发奇想：我为何不代跑腿呢？一定有很广阔的市场。当即，男孩就用剩下的半个月生活费去买了一个二手手机，还买了很多广告便笺。他在学校的告示栏里贴上：“代跑腿，校内一元，校外两公里内两元，超过两公里到五公里内五元。”男孩此刻已身无分文，他的钱都投资到“生意”上去了。为此，他很忐忑，时刻在等待着电话铃声响起。果然，中午时分，有个女孩来电话，让男孩为她购买一个柚子送到宿舍里。男孩飞快地奔跑着，很快就从学校的代销点买了柚子送到女孩的宿舍里。这一天，男孩接到3个校园内的订单，晚饭是馒头和咸菜。

随着时间的流逝，男孩的生意越来越好，有不想出门吃饭的让男孩送饭，有不想去图书馆借书的让男孩帮忙借书，还有下雨了没带伞的让男孩送伞。一个学期下来，男孩不但成功地养活了自己，而且积攒了下一个学期的学费。到了过年回家的时候，父亲和母亲的脸上写满了煎熬："孩子，我们还没给你借到学费呢！"男孩掏出1000元钱给父亲，说："留着买化肥，我有学费。"父母都不可置信地看着男孩，男孩说："爸爸妈妈放心，我能挣钱，我有两条大长腿，能够快速奔跑。"到了大二的时候，男孩业务繁忙，只靠着一个人奔跑根本来不及送货，为此他招募了学校里其他几个家庭贫困、需要自己挣钱的同学，把业务分发出去。等到大学毕业的时候，男孩不但已经小有成就，而且注册了自己的公司，根本不需要像其他同学那样四处奔波找工作。

如果你没有伞，越是下雨的时候，越是要努力奔跑，才能避免自己被雨淋湿。更多的时候，人生都是没有那么顺利的。既然如此，就让我们全力以赴做好自己该做的事情，也要拼尽全力去打破生活的困厄，这样才能真正主宰我们的命运，让自己更加全力以赴，无所畏惧，也真正做到勇往直前。

命运，从来不会偏爱任何人。当我们觉得人生坎坷、无路向前的时候，不要悲观沮丧，而是要全力以赴经营好自己的人生，也要更加努力地让人生绽放光彩。记住，路就在脚下。现实生活中，很多人都会羡慕那些成功者，殊不知成功者的人生也不是一蹴而就的，而是在成长的道路上不断地克服困难，不断地披荆斩棘，最终才能走出属于自己的人生之路。在人生的历程中，没有任何一段经历是白白经历的，更多的时候，面对生活的不如意和困厄，甚至面对生命中那些突如其来的打击，我们必须更加辛苦和执着，才能突破坎坷、奋勇直前。记住，人生没有回头路可走，与其等到后悔的时候再去想办法挽回，不如从现在开始就努力向前，这样才能活出独属于自己的精彩，也才能在成长的道路上勇敢无畏、一往直前。

最美的梦想指引心的方向

在这个世界上，很多人自以为聪明，甚至自称聪明人，那么到底怎样的人才能算是真正的聪明人，才能拥有卓有成效的人生呢？毋庸置疑，聪明有很多种表现方式，有小聪明、大智慧，也有真聪明和伪装的聪明。所谓真正的聪明人，就是有梦想的人。看到这里，也许很多朋友会不屑一顾地说：“切，有梦想有什么了不起！想要梦想还不是信手拈来啊，随随便便就能拥有梦想。”殊不知，梦想真不是信手拈来的事情，真正的梦想是流淌自心底的歌，是人生中最坚强有力的力量，也是让人生卓有成效、与众不同的唯一秘诀。真正的梦想不是一闪而过的，而是扎根在每个人的心底，哪怕遭遇风雨的摧残也绝不动摇，更不会轻易放弃。

每个人都是人生的掌舵者，唯有真正把握人生、操控人生，才能在人生的道路上走得更加长远，做事情也才能卓有成效、效率倍增。因为梦想是人生的方向，也是人生的引航灯。人一旦缺乏梦想，就像是在漫无边际的大海上航行那样，渐渐地就失去了奋斗的目标，再也没有源源不断的动力。人生也像是在下一盘棋，每个人得到的棋子其实相差无几，只是因为有的人有着巧妙的构思和规划，才能让棋子具有生命力和战斗力，也才能下赢人生这盘棋。相反，假如面对人生的磨难，人们总是轻而易举就放弃，甚至在发现棋局稍微有要败掉的迹象时就焦灼不安，那么不得不说，这样的人生是很危险的。实际上，是把一盘好棋下残，还是把一盘坏棋盘活，完全取决于下棋人的心态和思路。当心情积极乐观、思路清晰时，扭输为赢并非难事。而当一个棋手思路模糊，且不知道怎样才能规划好人生时，他就会举棋不定，甚至错失赢得棋局的唯一机会。由此可见，做人一定要有梦想，这样才能充满激情和热情，也才能在生命中战胜自我、超越自我、成就自我。

有梦想的人知道自己想要什么，所以他们非常聪明，也朝着目标勇往直前地奋进。而没有梦想的人就像没头苍蝇一样在通往梦想的道路上四处乱撞，自然会效率低下，甚至导致事与愿违。现代社会，很多人看起来都特别忙碌，他们每天早出晚归，对待工作却完全抱着当一天和尚撞一天钟的态度，压根不知道人生的希望和出路何在。在这种情况下，他们就像在漫无边际的荒漠中前行，永远也没有结束的那一刻，更不知道自己怎么做才能让情况好转。要知道，真正大有作为的人从来不会傻乎乎、毫无目的地坚持，因为这样的坚持非但不值得赞许，反而会白白浪费人生中最宝贵的时光，让人生黯然失色。真正的坚持是有目的的，既目标明确，也能戒骄戒躁，绝不急于求成。他们朝着人生的目的地奋进，在遇到艰难坎坷时也绝不放弃，而且能够从容面对人生，所以他们能够在人生即将失败的那一刻，扭转局势，让自己转败为赢。

梦想是人生最伟大的支撑，如果说人生中很多力量都是暂时的，也不能给予人生彻底的改变，那么梦想则能。在人生的道路上，唯有坚持梦想，从容感受和发挥梦想的力量，那么你就能摘取成功的果实。也许还有些朋友会抱怨这个世界太过于喧嚣，觉得根本找不到自己想要的一切，而潮流又裹挟着自己不断向前。实际上，这是因为内心缺乏主见导致的。唯有坚定不移地面对梦想，唯有理智从容地享受梦想，人生才能更加扎根深稳，也才能够不被世俗所左右，而在实现梦想的道路上砥砺前行。

天才，就是努力的力量

人人都希望自己的人生是美好的，是充满希望与光明的，却不知道命运尽管对于每个人都是公平的，但是美好的未来却更青睐那些愿意努力的人。对于努力，每个人都有不同的定义，有的人觉得努力就是蜻蜓点水式地付出，却不知道唯有不断地奋斗，真正地拼尽全力，人生才有更多的可能性。还有些人觉得所谓努力一定要有外在的有利条件作为支撑和助力，那么试问那些毫无背景的穷苦人家的孩子，又是如何实现人生价值，创造人生奇迹的呢？难道我们能够因为出身贫寒，即使再怎么努力也达不到那些富二代或拆二代的起点，就不再努力吗？当然不是，现实告诉我们不但每个人对于努力的理解不同，就连成功对于每个人而言也并非有完全相同的标准。有的时候，成功也不像很多人所想的那样，唯有在更高的起点上才能获得更大的成功，反而很多出身卑微也没有独特天赋的人，在不断地奋斗和努力中，最终完全成就自我，达到人生的巅峰，取得了令世人瞩目的成就。

在这个世界上，既没有免费的午餐，也没有一蹴而就的成功，更没有顺遂如意的人生。对于生活在不同层次的人而言，总是有不同的烦恼和忧愁。哪怕一个人从出生就是富二代或者拆二代，他们也必然有自己的烦恼。例如，人人都羡慕明星的光鲜亮丽，他们可以吸粉无数，可以穿着漂亮奢华的礼服，但是只有明星自己知道，当粉丝数量庞大，当自己的一切私生活都呈现在他人的目光中，那种感觉也是非常糟糕的。还记得刘德华粉丝的事件吗？粉丝为了见刘德华一面，居然十几年来什么也不干，又因为没有单独见到刘德华而使父亲绝望地自杀。据说，那段时间刘德华几乎要崩溃，不知道自己到底应该怎么做才能从莫大的阴影中挣脱出去。由此可见，人人都有烦恼，就连刚出生的婴儿都有喜怒哀乐，更何况是普通人呢？

任何情况下，都不要妄自菲薄，要知道人生是漫长的，很多时候也是无助的。我们唯有拥有一颗勇敢的心，坚定不移奋发向上，越是面对挫折和磨难越是需要从容坦然，这样才能在人生之中拥有更加美好的未来，也才能拥有充实和无怨无悔的人生。

作为一个喜欢唱歌的女孩，刘佳的嗓音曾经被很多人形容为天籁之音。每当和朋友们去KTV唱歌时，刘佳总是能够如愿以偿博得朋友们热烈的掌声。但是，有一次去唱歌的时候，刘佳却非常伤心，因为有朋友告诉她："刘佳，我特别喜欢闭着眼睛听你唱歌。"刘佳瞬间知道了朋友的意思，原本因为得到赞赏而充满光辉的眼神瞬间暗淡了。刘佳暗暗埋怨自己：我为何长得这么胖呢，可惜了我优美的嗓音。

日久天长，刘佳越来越自卑，也把减肥提上了日程，作为人生的当务之急。曾经特别喜欢吃肉的她，把自己每天一顿肉的频率降低到三天一顿肉，后来更是每周才吃一顿肉，而且对于主食的摄入，她也严格控制。与此同时，宅女刘佳还为自己办了超级贵的一张健身卡，因为她想用金钱逼迫自己提升健身卡的利用率，从而让自己更加努力健身，绝不懈怠。一段时间之后，刘佳的体重果然得以下降，从90公斤变成了80公斤，刘佳心中渐渐燃起了希望，也意识到自己还是可以瘦的。

在体重秤上不断往下掉的数字的激励下，刘佳越来越充满毅力。渐渐地，她不但瘦了下来，而且找回了自信。后来，刘佳还参加了一档选拔节目，在全国观众面前一展歌喉。出乎刘佳的预料，她居然瘦到了130斤。虽然对于很多骨瘦如柴的美女而言，130斤的体重依然是属于微胖界的，但是刘佳却对自己感到非常满意。为了身体健康考虑，她觉得自己瘦到130斤已经是莫大的成功，为此她调整减肥计划，把自己接下来的目标定为保持体重，塑造体形。刘佳越来越美丽了，朋友们都很喜欢和她一起去唱歌，因为“看”刘佳唱歌简直就是享受啊，让人赏心悦目！

人生在每个阶段都会有独特的美丽，也许对于刘佳而言，让自己唱歌的时候变得赏心悦目，就是她毕生最大的追求。对于人生，人人都奢望得到更多，但有多少人愿意为了成功而付出更多的努力呢？如果不能舍弃一些不必要的负累，如果不能让自己为了梦想而坚持下去，那么我们就没有资格奢求人生更多。

记住，人生中永远没有一蹴而就的成功，每个人面对成功的人生目标，都要反省自己是否真的已经付出努力。例如那些明明已经很肥胖却依然管不住嘴巴也迈不开双腿的朋友，更要竭尽全力战胜基本的口腹之欲，才能让人生变得从容而美丽。记住，任何时候，面对人生，都不要自欺欺人。唯有迈开脚步在人生的道路上昂首向前，唯有从容面对人生的一切坎坷挫折，我们才能真正战胜自我，也才能在人生中拥有截然不同的未来和与众不同的希望！

为了心中的梦，点燃浑身的热血

小的时候，我们经常会被老师问：你的梦想是什么？那时候的我们会因为自己回答不出这个问题而感到羞愧，感到伤心。别人都有梦想，我怎么会没有呢？长大后，再被别人问及你的梦想是什么的时候，我们却感觉有点想笑。甚至压根不会有人再问我们，你的梦想是什么？梦想这个词语出现的大多数时刻，变成了我们玩闹自嘲的时候，变成了我们吐槽“又被打鸡血”的时候。但无论外表表现得多么满不在乎，在我们的内心深处，梦想仍旧是一个无法磨灭的存在。我们可以嘴上说着不在乎，但是每当夜深人静、备感孤独的时候，那种内心的不甘和悸动翻涌而上，总是在一遍遍地提醒我们，梦想永远都藏在我们的内心深处。

小米的创始人兼董事长雷军先生在母校的毕业典礼上，对着台下即将毕业的学子们说道：第一点，要永远相信梦想的力量。第二点，要勇于相信坚持梦想的力量。为什么会说梦想这个话题，雷军老师说，在他的创业道路上，之所以能够达到今天的高度，取得现在的成绩，与他内心对梦想的坚持息息相关。

当时，年仅18岁的雷军考入武汉大学，大一的时候，一个偶然的机会，他在图书馆里看到了一本书，叫作《硅谷之火》，是一本讲述乔布斯这些硅谷英雄创业故事的传记。书中的故事和文字深深打动了雷军，点燃了雷军心中那株叫作梦想的小火苗，这株小火苗越烧越旺，让雷军激动得好几个夜晚都没有睡着。心情久久难以平复的雷军在学校里沿着操场走了一圈又一圈，一直在思考自己未来的人生该何去何从。后来，就在这一圈又一圈走的过程当中，雷军奠定了人生的一个梦想——日后一定要干些惊天动地的事情。至于这样惊天动地的事情是什么，当时的雷军还没有想好，但他坚定了“天生我材必有用”的决心，决定一定要通过自己的努力，让自己成为一个伟大的人。

雷军知道，一个人想要成功，光有梦想还是不成的，想要实现梦想还得要通过自己踏踏实实的努力才行。于是，正在读大一的雷军就决定要让自己沉下心来，脚踏实地地真正做几件不一样的事情。他给自己订的第一个小目标就是要在两年之内修完大学里的所有学分和课程。说干就干，有了目标的雷军什么都不管地朝着这个方向前进，尽管过程或许并没有那么容易，但是雷军还是坚持下来并顺利完成了这个目标。“其实，当我有了这个目标以后，我就真的去试了，然后发现其实也不难。至少我觉得当年在计算机学院里面，两年的时间足以完成所有的课程。”雷军后来总结道。

完成了第一个小目标以后，雷军又给自己制订了第二个、第三个类似的小目标。就这样，雷军通过完成这一个个小目标，让自己越来越成功，离自己的梦想越来越近了。雷军说：“在我们那个年代里面，我能够取得成功的关键绝对不是我比别人更聪明更勤奋。而是我比他们更早地确立了人生的梦想，并且及时地付诸了实践。”确实，当你明确了自己的人生方向的时候，你所做的事情一定是有章程和有目的所在的。你所得到的也一定是会比别人更有意义和方向的。而我们的人生，往往也就是在这一件件小事、一个个小目标中，逐渐地拉开了差距。因此，只有尽早地确立自己的梦想和目标，并且尽早地去付诸行动，我们的人生才会有真正意义上的开始。

很多人说，梦想我也曾经有过，也曾经去努力过，但是哪有那么容易就能够实现呢？其实，对于这个问题，我们没有必要妄自菲薄，更没有必要灰心丧气。实现梦想的过程对于任何人来说都不是一件容易的事情。或许，有梦想很容易，去实践梦想也很容易，但是真正困难的却是如何将我们的梦想坚持下去。今天你或许能够坚持，明天也能够坚持，那么，一个月以后呢？一年以后呢？五年呢？十年二十年呢？

雷军说，小米是在2010年创办的，发布手机是在2011年，小米仅仅用了两年多的时间就在全球竞争最激烈的行业和市场里面干到了中国市场第一、全球市场第五。这样的成绩的确可以说是全球商业市场的一个奇迹。而这个奇迹的背后却是他对于自我人生梦想的坚持和不懈努力。在创立小米之前，雷军已经参与创办金山软件，在2007年的时候成功做到上市，那时候的雷军38岁，就依靠着金山软件的上市成功实现了人生的圆满。他完全可以选择就此退休，因为他手上的资金足够他和家人用几辈子。

由于参与了金山软件创业以及上市的整个过程，雷军深知创业的艰难和孤独。但是，雷军还是选择了继续创业，契机是因为一个梦。某天晚上，雷军做梦醒来，感觉自己好像离曾经的梦想已经越来越远，他就不断地询问自己：现在的你还有勇气重新来一次吗？曾经的你一无所有，所以你可以去拼，现在的你似乎什么都有了，你还敢抛开一切、押上所有，去赌更美好的明天吗？这回的问题没有像大一时那么好回答，雷军想了半年多的时间，最终还是决定要再赌一次，因为他不能让自己的余生在悔恨和遗憾中度过。于是，雷军下定决心要让自己尝试一下，看自己能不能创办一家世界级的技术公司，做成一件造福世界上每一个人的事情。也正是植根于内心的这个梦想，让这个世界出现了小米，让雷军成了现在行业内的传奇，家喻户晓。

我想，对于一个有梦想的人来说，生活一定是充满激情和色彩的。他们会因为别人的一个行动，甚至是一句话，就被点燃浑身的热血，只为了追求自己内心的那个梦。在这个追梦的过程当中，他们也一定会遇到风险，遇到艰难困阻。但是，这一切都阻止不了他们前进的步伐，反而只会让他们越挫越勇、越挫越敢、越挫越坚强。而这，就是梦想的力量，没有梦想的人或许一辈子也体会不了。

第3章 敢于面对苦难的人，总能将不幸转化为幸运

巴尔扎克说：“不幸，是天才的进升阶梯，信徒的洗礼之水，弱者的无底深渊。”苦难或许是一场雷阵雨，或许是一片荆棘，或许是畏惧的高峰，但只要风雨过后，走出荆棘，登上山顶，我们总能将不幸转化为幸运。

所有的不幸都带着几分祝福

现实生活中，每个人都有自己的烦恼，有的女孩觉得自己长得太矮，身材不够高挑；有的女孩觉得自己皮肤太黝黑，不够白皙；有的男孩觉得自己出生在贫穷的家庭里，没有一个叫马云的爸爸；还有的男孩抱怨自己命运不好，人生中总是事与愿违。实际上，不管是怎样的烦恼，都来自每个人的内心。一个人唯有真正尊重自己的内心，也悦纳自己的人生，才能成为人生中的幸运者。所以，面对人生，我们与其不断地抱怨，浪费宝贵的时间与精力，还不如调整好心态，积极乐观地做一些切实有效的事情。没有人愿意与失败结缘，每个人都渴望获得成功，但是有一位智者说过，人生只有经历苦难才会得以沉淀，也才能真正被称作人生。从这句话中我们不难看出，一个人如果总是一帆风顺，生命中没有任何波澜，那么这样的人生就会显得过于单薄和轻飘飘的。苦难使人生变得沉重，所以我们最重要的不是逃避苦难，而是要让自己从不幸变成幸运，从而给自己的人生一个更好的交代。

很多人都读过关于野草的诗，在诸多赞美野草的诗句中，“离离原上草，一岁一枯荣；野火烧不尽，春风吹又生”历来脍炙人口，把野草顽强的生命力描述得栩栩如生。实际上，野草看似渺小，却是在环境艰苦的野外长大，所以它们的生命力非常顽强。相比起野草，尽管有些大树看起来高大强壮、高耸入云，但是一旦树心是空的，就会被狂风暴雨折断。真正强壮的大树，能够傲然屹立于风雨之中，哪怕遭受暴风雨的折磨，也绝不妥协和认输。还有些朋友喜欢看武侠小说，知道一流的剑客一定要带最好的宝剑。而真正上好的宝剑，都是在工匠千锤百炼之下才能铸造出来的。人生也是如此，从未经过锤炼的人生总是显得轻飘飘的，没有内涵，真正的人生要经历风雨的洗礼，要经历坎坷挫折的磨难，才会变得越来越厚重。

在中国有一句俗话叫“富不过三代”。这句话从何说起呢？难道说一个人如果有钱，那么他的孩子就注定是个败家子吗？其实不然。很多富二代也是非常辛苦和努力的，也能够把家族产业发扬光大。只不过是因为大多数富二代从小就生活在优渥的家庭环境中，因而他们的人生顺遂如意，不曾经历过任何艰难和坎坷。在走入社会之后，他们总是难以控制自己，也无法拒绝那些诱惑，最终比穷人家的孩子更容易走上歧途，导致家境败落。与这句话相对的也有一句话，叫作“穷人的孩子早当家”。这句话告诉我们当孩子出生在穷苦的人家里，因为经济条件的紧张，也因为父母的工作并不光鲜亮丽，所以他们没有多余的钱享受。他们日复一日，看着父母辛苦操劳，更加体会到生活的艰辛，因而他们不会随意挥霍父母挣来的辛苦钱，反而能够竭尽所能体谅和理解父母，也主动帮助父母减轻负担。如此一来，他们自然对人生有更深刻的感悟，也知道自己应该珍惜人生、把握人生。从这个角度而言，孩子出生在穷人家虽然没有含着金汤匙出生的富二代幸运，但其实是一种独特的幸运。这种幸运让他们理解生活的苦楚，也帮助他们更好地把握和掌控自己的人生。

打火石看起来毫不起眼，就像普通而又平凡的石头一样，但是一旦遭遇击打，它就能够迸发出火花。还有咖啡，黑黑的咖啡豆看似不起眼，但是在经历沸水的冲泡之后，却能够散发出浓浓的香味。所以任何有价值的东西都不怕经历考验，正如人们常说的，真金不怕火来炼，这是因为真正的金子熔点很高，并不会因为火烧，就使自己的状态发生改变。同样的道理，我们作为普普通通的人，也要有坚强的意志。要知道，苦难并不可怕，唯有经过苦难的洗礼，我们的意志才会更加坚强，也才会拥有信心和勇气。一个人如果从来不曾体会到辛苦，那么也就不会感受到甜蜜。就像人们常说这个世界上如果没有丑，也就无所谓美一样，所以对于人生，每个人都无权要求永远甜蜜。能够坦然接受人生的坎坷与挫折，我们的人生也会随之变得更加充实厚重，我们也才能积累更多的经验，从而拥有更成功的未来。

对于弱者而言，苦难也许会让他们沉沦，甚至使他们陷入绝望和沮丧之中，彻底放弃对人生的拼搏。对于强者而言，苦难就像是人生的摇篮，能够成就强者，让强者变得更加强大起来。当然，如果每个人都能坦然面对苦难，那么不幸就会转化为人生的财富，也是人生中最不可或缺的经验。

作为世界闻名的小提琴家，帕格尼尼年仅4岁的时候，就因为一场疾病导致身体受到严重的损伤。在7岁的时候，他又因为患了严重的肺炎，不得不放出身体内大部分的血以减少病菌。从此之后，他的身体日渐衰弱，健康也受到严重损害。即便如此，从3岁开始学习小提琴演奏之后，他从未耽误学习。在12岁的时候，他在小提琴演奏方面就有所成就。然而，厄运并没有因此就放过他。

46岁那年，帕格尼尼的牙床突然生出大量的脓疮，医生不得不拔掉他绝大部分的牙齿。没过多久，他的眼睛又患上疾病，导致严重视物不清。50岁的时候，他更是浑身都是疾病，心灵也受到残酷的折磨。即使这样，他也从没有放弃过对音乐的爱好与追求。57岁那年，他的人生戛然而止。然而，在与疾病做斗争的一生之中，他从未放弃过努力，对人生更是始终无怨无悔。活着的时候，他非常努力，让自己短暂的生命如同烟花般绚烂。

面对不幸，只有真正的强者才能勇敢地站立起来，否则一旦被不幸所俘虏，那么人生就会被不幸奴役。当然，对抗不幸的最好方式并非抗拒，也不是坦然接受，而是要让不幸净化自己的心灵，让自己的品质更加升华。很多时候，上帝会让人拥有很多的优点和长处，即使如此，在面对自己的时候，我们也要做到客观评价，从而准确认识自己，才能扬长避短、取长补短。

很多人都曾读过《假如给我三天光明》，知道这本书的作者海伦在一岁多的时候，就因为突如其来的猩红热变成了盲聋儿童。海伦并没有被这个致命的打击所打倒，反而勇敢地站起来，在家庭老师的帮助下不但完成了大学学业，而且成了作家，并且四处演讲，激励全世界需要帮助的人。

不得不说，如果没有这场疾病，海伦的人生也许会很平常且普通。正是这场疾病，彻底改变了海伦的命运，让她的人生绚烂如烟花。换个角度而言，既可以说是疾病毁灭了海伦，也可以说是疾病成就了海伦。

当然，拥有怎样的人生，最关键的在于海伦面对疾病的态度和心态。面对不幸，只要我们始终满怀信心和勇气，不怨天尤人，那么就会一直坚强下去，也会在与人生的博弈中，拥有更加深刻的理解和认识。经常旅行的朋友们都知道满目苍翠是一种风景，满目荒凉也是一种风景，甚至有人还更偏爱寸草不生的戈壁滩。对待人生，我们也要同样如此随遇而安。顺遂如意是人生的风景，坎坷挫折也是人生的风景，面对不幸，我们更要带着欣赏和认可的态度，勇敢接受，勇往直前。

所有胜利的第一条件，就是战胜自己

如果你在走路的时候稍加用心，就会发现上坡路比下坡路难走多了，这是因为上坡路要花费更多的精力，付出更大的力气，而且速度也会减慢很多。相反，下坡的时候不需要自己怎么用力，就可以顺着地势快速下行。所以说，上坡路难走。而在人生之中，如果你觉得自己此刻的道路也很难走，走得很艰难、很费力，那么你就要告诉自己：我正在上坡，我正在进步。这么想来，你就不会再抱怨，而是专心致志走好属于自己的道路。

现实生活中，我们常常羡慕别人的成功，却不知道别人在成功背后付出了多少艰辛和努力。也有些朋友抱怨自己运气不好，觉得都是没有好运气才不能成功，实际上每个人都要与自己对抗，才能战胜全世界。所以当与失败结缘的时候，先不要忙于从外部寻找原因，而是要先从自己身上寻找原因，主动反思自己，也从失败中汲取经验和教训，这样才能提升和完善自己。正如一位名人所说的，每个人最大的敌人就是自己，这句话其实很有道理。每个人都要学会战胜自我，才能砥砺前行，不至于因为沾沾自喜就显露骄傲自满的状态，也不至于因为对于自己过于充满信心就变得自负，最终难堪地摔跟头。

刚刚大学毕业，陈涛就觉得压力扑面而来。原本在读大学期间，陈涛最大的梦想就是能够留在就读大学所在的城市，找一份不错的工作。然而，当他通过不懈的努力终于实现这个梦想之后，却发现现实远远比已经实现的梦想更加残酷。在公司里，工作了几年的同事整天都在讨论大城市的高房价、高昂的医疗费用和教育费用等。结果，听得多了，陈涛也对买房动起了小心思，他开始在网络上看房价。真是不看不知道，一看吓一跳，在学校宿舍住惯了的陈涛，如今和同事合租一个小两居，每人每月只需要出1000多元的房租，觉得也还好。但是在网上粗略看了房价之后，陈涛心里哇凉哇凉的，原来，陈涛租住的房子就要3万多一个平方，还是已经在快六环的位置。陈涛每个月的工资只能勉强养活自己，能结余下来千把块钱就算不错了，这样算来，就算积攒10年，也不够买个厕所的。陈涛沮丧极了。他意识到：房价这么贵，只依靠现在的薪水远远不够，我必须非常努力，才有可能在这个城市安家。

此后，陈涛每天更加辛苦地工作，也主动地学习，充实自己。每个周末，他从未休息过，而是花费所有的积蓄为自己报名参加英语培训班，学习商务英语。虽然陈涛现在不知道自己有朝一日能否用上这个技能，但是他很清楚技多不压身，在残酷的现代竞争中生存，能够多掌握一些知识和技能，总是不错的。

做一个永远打不倒的不倒翁

人生不可替代，每个人在面对人生的过程中，都要遭遇各种各样的苦难，真正顺遂如意的人生根本不存在。人的本能都是趋利避害的，为此在面对艰难的人生时，一定要端正态度，怀有正念，而不要盲目地回避。否则，一次两次逃避，三次五次还能继续逃避下去吗？只要活着，我们就要全力以赴面对人生，就要在各种艰难的境遇中激发自身的斗志和潜能，从而让自己更加强大起来。也有人说，人生是反复无常的，的确如此，因为我们无法预知人生中将会面临怎样的境遇，也不可能未雨绸缪把很多事情做到前面。既然如此，我们唯一能做的就是自强自立，只有以独立的姿态屹立于人生之中，我们才能战胜人生中的一切苦难，才能独立坚强地面对整个世界。

小小的婴儿本能地喜欢吃甜味的食物，而不喜欢吃苦涩味道的食物，这是因为甜味使人感到心情愉悦。在生命的历程中也是如此，没有人会愿意吃苦，但是偏偏人生之中充满了苦难。所谓苦难，也许是遭遇的不顺心的事情，也许是让人感到痛苦的疾病，也许是使人感到绝望的境遇，总之它带给人的都是不愉快。面对人生的苦难，我们一定要坚强，才能勇敢面对。

每个人都是这个世界上独立的生命个体，每个人都是彼此陌生的，没有人能够理解另一个人，尽管人们把设身处地、换位思考挂在嘴边，但并不能真正了解和理解另一个人。在这种情况下，人与人之间的误解很容易发生，也常常产生各种不愉快。从接纳苦难的角度来讲，作为苦难的拥有者，也就不要奢望自己能够得到他人的理解和支持，而是要更多地依靠自己，这样才能让自己变得强大，也才能让自己成为真正的人生强者。

爱琳从小就很喜欢滑雪，而且在幼年时期就树立梦想，将来要成为一名滑雪健将。为此，爱琳从5岁就开始练习滑雪，当同龄人还在无忧无虑地玩耍时，爱琳却在辛苦地进行滑雪训练。她咬紧牙关，从来不叫苦更不叫累，连教练都说爱琳是真心热爱滑雪的，所以才能这样坚持吃苦。但是，天不遂人愿，命运常常会和人开残酷的玩笑。10岁的时候，爱琳突然觉得腿疼，在去医院进行全面检查之后，医生诊断爱琳患有骨癌，为此需要锯掉左腿。得知这个消息，爱琳如同遭遇晴天霹雳，她很清楚自己如果失去一条腿，滑雪会变得很艰难，因为滑雪对于身体的平衡性要求很高，如果失去一条腿，还如何平衡呢？但是骨癌发展很快，没有给爱琳多少时间去考虑和决定，她必须马上接受手术，才能控制住病情。

在失去一条腿之后，爱琳也没有放弃滑雪，而是继续努力地进行滑雪训练。很多人都觉得仅仅依靠单腿进行滑雪运动根本不可能，但是爱琳决不放弃。最开始恢复滑雪训练的时候，爱琳尽管采取了很多措施来保持身体平衡，但是却经常摔倒，让身体受到伤害，让心灵承受着巨大的打击。从摔倒之后号啕痛哭，到摔倒之后可以和身边的人开玩笑："救命，我的腿被摔没啦，我的头发也都被摔光啦！"其实，爱琳是因为一直在做化疗才会掉光头发的。她的顽强和幽默，帮助她度过最初的艰难时刻。随着持续的锻炼，爱琳对于滑雪技能掌握得越来越熟练，而且成为滑雪健将。然而，命运对于爱琳太过残酷。成年之后，爱琳身上的其他部位又有了原发癌症，爱琳不得不再次接受手术，切掉了重要的身体器官。因为身体素质变得越来越差，爱琳没有办法继续从事需要消耗大量体能的滑雪运动，她不想就这样被动且无奈地面对人生，她居然改行当了一名演讲家，用自己的人生经历来给更多的人以鼓舞和力量。她毫无保留地把自己的经历讲给其他人听，她坦然面对听众们善意的微笑和热烈的掌声。没有人看到过流泪的爱琳，即使很伤心难过的时候，她也总是偷偷地掉眼泪，但是她很快就会擦干眼泪，因为她告诉自己——"我是打不倒的爱琳！"

很多孩子都喜欢玩不倒翁，而当人生也成为一个不倒翁，哪怕遭遇再多的打击也始终能够站起来，笑呵呵地继续面对生命中的一切时，那个不倒翁的心中一定有着坚强的力量，也有着绝不屈服的精神。

人生总是充满了苦难，不如意就是人生的常态。为此不要总是抱怨，因为抱怨只会让我们的心情变得更加糟糕，也不要随随便便就放弃，因为放弃意味着远离失败，也意味着彻底绝缘成功。真正的人生强者，在生命的历程中总是能够始终积极向上、勇往直前，正是因为如此，他们才能够在生命的各种坎坷挫折之中崛起，以强者的姿态傲然屹立，绝不屈服地面对人生！你想活成什么样子呢？这不取决于外部的世界，而是完全取决于你。从现在开始，就让我们更加激励和鼓舞自己，更加相信和支持自己。当人生遭遇突如其来的打击，不要悲观，不要绝望，而是要更加充满希望、充满力量。做一个永远也打不倒的不倒翁，岂不是很好的选择吗？！

浪费时间是虚度，利用时间是生活

很多珍惜时间的人总是说，时间从来不会等着任何人，对于要做的事情一定要抓紧时间去做，否则就可能没有时间再去做，也有可能会失去原本拥有的机会，导致自己变得非常被动。的确如此，时间对于每个人都是很公平的，从来不会因为任何人而驻足，也不会因为任何人而加快速度。为此，在生命的历程中，不管我们是感到非常喜悦，还是感到十分忧愁，时间都会一分一秒嘀嘀嗒嗒地向前，而节奏不会有任何改变。既然如此，我们只能主动珍惜时间，而不能奢望时间会照顾我们，会给我们更特殊的对待。

很多朋友都喜欢看《西游记》。《西游记》作为中国的四大名著之一，宣扬的是邪不压正的思想，为此，每当那些妖魔鬼怪抓到唐僧，想要吃唐僧肉以求长生不老的时候，作者总是独具匠心，让那些大王都不着急吃唐僧肉，这样一来，就给了孙悟空更多的时间去拯救唐僧。即便是在孙悟空不在场的情况下，也给了猪八戒或者沙和尚更多的时间去求救。不得不说，要是那些妖魔鬼怪都是急性子，在抓到唐僧之后就囫囵吞枣一口吃掉唐僧，那么唐僧就真的没有活命的机会了。人们常说，好事多磨，这并不是故意拖延，而是因为在做很多事情的时候，总是会出现这样或者那样的情况，即便想要抓紧时间努力推进，也未必能够做到。为此真正明智的人都很明白一个道理，那就是我们可以停下脚步，在人生的道路上止步不前，但是时间却不会停下来等着我们，等待着我们的就是落后、无奈和懊丧。

大学毕业后，气质和形象俱佳，而且很有才华的倩倩，如愿以偿地应聘成为一家公司老总的助理。同学们都很羡慕倩倩，纷纷说倩倩有好运气，而且爹妈也很会生，把倩倩生得亭亭玉立、楚楚动人，因此才会成为形象工程的代言人。对此，倩倩只是默不作声地笑一笑，她很清楚自己是凭着什么成为助理的。原来，倩倩是个很有才华的女孩，擅长写作，笔杆子很硬，这给倩倩成功竞聘助理加了很多分。

不过，倩倩也有个致命的缺点，那就是懒惰，她从小不管做什么事情都很拖延。在刚刚成为助理的时候，她很珍惜这份工作，为此一直战战兢兢，努力把工作做到最好。然而，随着工作的时间越来越长，倩倩的工作也很让老总满意，于是倩倩有些懈怠了。有一天，老总通知倩倩："准备好去美国谈判的资料，一周之后启程去美国。"听说要去美国，倩倩兴奋不已，下班之后当即和朋友们一起庆祝，原来倩倩还没有出过国呢！对于老总需要的资料，倩倩想着晚几天整理也没关系，所以，就犯了拖延的老毛病。这一拖，就是三天。没想到，就在第三天下班的时候，老总对倩倩说："明天上班带着行李，带着护照，机票已经订好了，10点出发。当然，最重要的是带着资料。"倩倩这才慌了神，结结巴巴地问："不是要等下周出差吗？"老总说："计划有变。你的资料准备好了吧，按照你的速度，应该是已经准备好了！"倩倩不敢回答没有，只好一声不吭地点头。当天晚上，她彻夜加班，但是资料很多，直到次日到了上飞机的点时，她也只准备了三分之一。倩倩还抱着侥幸心理："在飞机上我也可以工作，到美国的那天晚上我还可以继续加班，应该能完成。"没想到，才上飞机，老总就对倩倩说："把资料给我看吧，这样可以节省时间，明天就要谈判了！"倩倩眼见着纸里包不住火，只好对老总说："对不起，老总，我以为下周才出差，资料还没准备好。不过您放心，我现在就继续准备，今晚也不睡觉，一定在明天上午交给您！”老总看着倩倩，什么话都没说。

因为倩倩的资料给老总太晚，导致老总没有时间熟悉资料，为此，老总在和客户谈判的时候对于所谈内容很陌生，谈判的效果也不太好。这次的事情，老总虽然没有批评倩倩，但是从美国回来之后，老总再也不像以前那么器重倩倩，以后再有重要的工作任务，老总总是交给另外一个助理，那个助理非常沉稳，对于老总交代的工作总是第一时间完成。

在这个事例中，倩倩从老总面前的红人，到被老总忽视和冷落，与她自己对于工作不够积极的态度密切相关。得知要和老总去美国之后，她虽然很兴奋，也很愿意去美国，但是却没有把工作做在前面，而是不断地拖延，导致老总临时改变计划要出差的时候，她的工作还没有做好。不得不说，这对于老总而言的确是很难以忍受的，为此老总才会不再对倩倩另眼相待。

拖延，不但会导致我们做很多事情失去最佳的契机，而且会延误工作，甚至还会使得我们失去在工作中好好表现的最佳时机。对于人生中的很多事情，我们一旦想好了，就要努力认真地去做，而不要总是沉迷于玩乐之中，不愿意当机立断去做，否则就会导致事情变得越发被动和无奈，哪怕在意外发生的时候想要竭力去弥补，都无法做到更好。为此，我们一定要抓紧时间，因为时间就是生命，时间就是机会，时间就是成功更大的可能性。人在职场，必须认真慎重地对待工作，才能在职业生涯发展之中有更好的表现；人在生活的旅途，也必须脚踏实地，才能全力以赴做好该做的事情，才能让一切朝着我们理想的方向去发展。否则，不断地拖延只会导致未来越来越糟糕，也会使得一切变得更加无奈，这显然不是人生应该有的姿态，也不是人生中最好的呈现。

命运不曾偏爱任何人

命运总是残酷的，是因为它不曾偏爱任何人，而对每个人都冷冷相对。在通往梦想的道路上，人们不仅要忍受风雨泥泞，还要饱尝坎坷和磨难，其实这些都不是最可怕的，最可怕的是一个人不能总是以歌声回报世界的痛楚亲吻。面对人生的无奈和绝望，很多人恨不得结束自己的生命，也要最大限度消除痛苦、走出困境，而这样决绝的方式总是伴随着对生命不可逆转的伤害，也总是让人在生命进退两难的境遇里，饱经摧残，饱受折磨，即使从不妥协，也会被命运折磨得遍体鳞伤。

每个人注定要经历人生的苦难，哪怕拼尽全力奔跑，也无法摆脱苦难。记得大名鼎鼎的中国台湾作家琦君曾经在散文中写道，如果一个人总是流泪，他的眼睛会变得清新而又明亮；如果一个人总是处于忧患之中，他的心也会因此而变得更加温柔敦厚。这是因为在忧患的历练中，在眼泪的洗涤下，人们最终会心明眼亮，既看透很多事情的表面，参透内在的原因，也能够延伸至生活的本质，却绝不麻木，更不对生命充满憎恶。

既然苦难是无论如何都躲避不开的，那么我们为何要因为苦难而影响原本正常的生活呢！对于无法改变的一切，与其苦苦挣扎，两败俱伤地对抗，不如坦然接受，甘之如饴。正如人们常说的，既然哭着也是一天，笑着也是一天，我们当然要调整好心态，笑着度过生命中的每一天。就算最终在生命中毫无收获，我们也会有所感悟，有所得到。任何情况下，一个人只有在泪水的不断冲刷下，才能突破人生的困境，也唯有做到含泪微笑，才能不断洗涤自己的心灵，让心变得坚强而柔软。

反过来说，一个人如果从来不曾经历过任何苦难，那么他的人生必然也不会感受到甜蜜。正如有人曾经说过，这个世界上如果没有丑，也就无所谓美；如果没有苦涩，也就无所谓甜蜜。所以人的生命应该是丰富而又厚重的，既有苦涩的回忆，也有甜美的未来，才能品尝人生百味，也让生命更充实。

很久以前，上帝心情很好，因而给人世间降下甘霖雨露，使得万事万物都生长旺盛，人们也因为风调雨顺而生活得更好。有一天上帝闲来无事，决定来到人世间考察。他来到水草丰茂的大地上，看到田地里、枝头上都挂满了沉甸甸的果实，感到很高兴。

正当上帝闲庭信步时，一个农民来到田地里，正好看到了上帝。上帝原本以为农民连年收成好，一定会感谢自己，没想到农民却恳求上帝：“上帝啊，您能不能答应我一个请求呢？”在上帝的默许下，农民说：“能不能有一年的时间里，从没有任何灾难和虫害的打击？”上帝当然理解农民的心思，因而当即答应了农民的请求，但是他告诉农民：“我只能这样对你一个人，至于其他人，我还会和以前一样安排的。”次年，农民的土地上果然没有任何病虫和灾害，他的稻谷因此长得更好，数量足足有其他农民收成的两倍之多。农民高兴极了，每天都盼望着丰收。而等到真正丰收之后，他才发现自己的麦穗全都是空心的，根本没有饱满的果实。农民当即意识到是上帝在作怪，于是找到上帝说：“上帝啊，您给我没有任何灾害的天气，为何又要故意捉弄我呢！”上帝不明所以：“我没有捉弄你啊，我只是按照你的要求去做的。”农民把麦穗展示给上帝看，上帝恍然大悟：“有的植物生命力很顽强，是需要恶劣环境打磨的。例如烈日的暴晒，就是很多麦子所喜欢的，甚至连你们最讨厌的蝗虫灾害，也能去掉一部分没用的麦穗，从而让剩下的麦穗长得更强壮结实。否则，如果麦穗太多了，土地根本无法提供所有的营养让麦穗成熟。”农民终于明白，原来他经常抱怨的坏天气和病虫灾害，却能成就一个丰收年啊！

麦子如果不曾经历苦难的打击和磨砺，就无法拥有丰满的果实；人生如果不曾经历困难的淬炼，就无法获得成长，更不可能成熟起来。正所谓宝剑锋从磨砺出，梅花香自苦寒来。一个人要想让人生焕发异样的神采，就要坦然面对和接受生命的困难，这样才能在不断成长中出类拔萃，才能在持续的进步中变得成熟。

对于任何人生而言，苦难都是必修课，而不是选修课。一个人可以享福，但却不能不吃苦，因为唯有吃过苦却依然坚挺的人生，才是真正的人生，也才是强者的所有。记住，面对苦难，你最正确的姿势是昂首挺胸、走上前去，而不是畏缩不前，甚至仓皇逃避。苦难和困难一样，会因为人们对待它们的不同态度，而有不同的结果。任何情况下，示弱都是绝对不可取的，也会导致人生从此沉沦下去。

走在低谷里，也要仰望高峰

登山的时候，都有这样的经历：哪怕一直走在低谷里，向高处仰望的时候，才会觉得，原来自己竟一直走在低谷里。不知不觉走了一段路，趁着休息的间隙回头看来时的路，看到远方还在攀登的人们，才会注意到原来自己竟在不知不觉中走到了高处。我们的人生其实也是一样，起点低的时候不必气馁，只要保持努力，不断坚持，不知不觉中你就会走出低谷，登上高峰。

依稀记得自己刚刚开始工作的时候，听到周围朋友抱怨最多的就是，工资太低，与自己的付出不成正比，空有一腔热情而得不到领导的重视，满腹的才华得不到施展，等等。确实，不曾含着金汤匙出生的我们，只能依靠自己不断努力的我们，人生总是不可避免地会有一些刚刚起步而被“不公平”对待的经历。但是，你所受到的不公平只是暂时的物质的短缺，绝不会是长久的不可改变。身处低谷的时候保持继续努力就好，不必担心你的付出会没有回报。因为，别人偷不走你的努力，也偷不走你日积月累形成的才华和能力，更偷不走你从中拾取到的机遇。

我在上一个公司任职的时候，曾经碰到过这么一个实习生令我印象深刻：大概是在5年前学校放暑假的时候，公司招进来两名实习生。其中有一个不太爱说话的小姑娘，大家都叫她丹丹。丹丹的外貌不怎么出众，属于那种丢进人堆里就挑不出来的，再加上不善言辞，在单位里又是一个刚刚进来的实习生，遭受到的待遇自然不必言说。

南京的实习生工资都不高，尤其是在暑假和毕业季的时候。很多学生为了给自己的未来工作增加一份筹码，即便工资再低、待遇再苛刻，也还是会有很多同学挤破了头只为进一家理想的大公司。我们公司就是这种传说中的“大公司”，丹丹也正好是那种努力上进的学生。记得第一次见到丹丹的时候，她穿得有点土气，面容并不娇艳，戴个眼镜，梳着普通的马尾辫，属于那种看完第一眼就不会再想看第二眼的人。

如果是在一般的小公司也就算了，但我们公司偏偏是南京本地数一数二的上市公司，公司里的员工个个都是精英中的精英，不仅外形一个比一个靓丽，八面玲珑的功夫更是炉火纯青。在这群人里面，丹丹无论是在哪一方面都显得不出挑。做了几个项目的设计稿以后，领导对丹丹并不是很满意，他觉得这个小姑娘的天资并不高，画出来的图纸算不上太差，但也只能算是中规中矩，离他所期望的“出彩”还有着一定的距离。

于是，每次项目推进的时候开讨论会，其他人都在畅谈思路或者调侃嬉笑的时候，丹丹通常就在旁边微笑地看着，好似一个局外人。丹丹一直与同事和领导保持着这样疏远的状态，在公司内也难免会被“欺负”。就在丹丹入职不久之后，坐在她对面的一个小伙子辞职了，领导就把原本应该两个设计师完成的工作都压在了她一个人的身上，全然不顾丹丹就是个实习生。不仅如此，一旦有临时加进来的小项目，领导都会要求丹丹先出几个设计初稿。

有一次，丹丹认为有一个设计方案，如果能够配上三维的效果图解说会更有说服力，便向领导申请去跟外面的效果图专员购买相关的效果图，价格不到200块，但是领导却拉下了脸，沉声说道：“这种事情还要花钱？你自己想办法弄一下不就得了。”丹丹听完，不再说话，自己默默学起三维软件来，设计完平面初稿以后，就自己建模绘制三维效果图，之后再编辑设计版面。就这样，丹丹拿着一份微薄的工资，却承担了好几个人的工作。

丹丹的勤奋几乎可以用任劳任怨来形容，只要交给她做的事情她就一定会尽最大努力做到最好，自己不懂的就利用周末的时间去图书馆查阅资料。这样的情况下，熬夜几乎是家常便饭，可以说做得比任何一个正职的设计师都要勤勉，并且毫无怨言。

有一次，我和她闲聊的时候问她：“只不过是一份实习生的工作，干吗这么拼？”丹丹冲我甜甜一笑：“我不是学艺术的，设计感天赋一般，就只能多花点功夫打好基础，笨鸟先飞了。”我们公司的工作虽然一直都很辛苦，但是丹丹却乐此不疲。当我们大家熟悉以后，纷纷劝她换个工作，她却总是轻轻笑着回答：“时候未到，我不会的还有很多。”就这样，兢兢业业地做了一年，丹丹顺利地拿到了大学毕业证书。领导主动提出来要给她涨工资，希望她毕业之后直接留在我们公司工作，丹丹却面带微笑地递上了一封辞职信。

后来，听认识丹丹的人说，丹丹毕业以后参加应聘的时候出乎意料的顺利，几个应聘者一同上电脑做初稿，丹丹总是第一个完成，而且做得有一定的水准。让写一段设计说明，丹丹也是写得创意满满。最后，丹丹还拿出了一大摞平时工作过程中绘制的三维效果图，这种种的优秀表现下来，面试官的眼神当中充满了欣喜和惊艳。最终，丹丹不负众望地在应聘者中脱颖而出，而对方给出的薪水是她一年前的5倍。

就这样，短短一年时间的隐忍与学习，丹丹终于等到了这个让她闪闪发光的时机。而当初所有的努力付出如今都变成了滋养她的能量，让她充满力量地向前奔走。

丹丹这样普通的个例在我们的生活中并不少见。这世上总是会有很多人为了自己的梦想而不断地努力付出，甚至奋不顾身。很多时候，我们总会羡慕那些看似突然走运的人，但其实，这些所谓的幸运不过是他们日积月累坚持努力后的厚积薄发而已。我们总是看到别人的发光发热，却鲜少留意他们此前的沉寂、隐忍和奋发。所以，身处人生低谷的时候不要着急，更不要沮丧，将时间和精力用于不断学习、提升自己，时刻追赶前面的人，追着追着，你会发现，自己已在不知不觉中慢慢超越过去，站到了高峰上。

第4章 你的不屈不挠，是成就自己的最好方式

人生就是不屈不挠地生活，跌倒、爬起、再跌倒……如果你连眼前的苦难都还没走过，那又有什么资本去展望未来。眼前的困难都是暂时的，未来仍在前方，而你的不屈不挠，是成就自己的最好方式。

从苦难中崛起的强者，成就非凡人生

曾经有心理学家经过研究发现，古往今来，那些伟大的成功者并非是独具天赋的人，也并不是得到了外力的帮助，而是因为他们对待逆境的态度与失败者截然不同。成功者之所以成功，是因为哪怕面对失败，他们也能勇往直前、绝不退缩。相反，失败者之所以总是与失败纠缠，是因为他们一旦遇到小小的挫折和坎坷，就马上放弃努力，甚至畏缩不前。所以人们才说，困难是强者的学校，是弱者的葬身地。强者从苦难中崛起，成就非凡的人生，而弱者则就此放弃希望，让人生停滞不前，被时代的洪流远远地甩下。

然而，有谁能免于被苦难折磨呢？大多数人都要面对人生的逆境，而且也要不遗余力地从逆境中崛起，从而彻底改变命运。在大海里航行，没有一艘船是不带着伤的，在人生中跋涉，也没有一个人是不曾饱经磨难的。想清楚这一点，也意识到人生退无可退，我们才能鼓起百倍的信心和勇气，绝不对人生懈怠。

有一艘看起来又老又破又旧的船被作为珍贵的展品，陈列在英国萨伦港国家船舶博物馆里。这艘船已经有些年头了，从1984年试航开始，它就正式展开了自己波澜壮阔、饱经磨难的一生。在暴风雨中，它的桅杆被风折断207次；在航行中，它116次撞到礁石上；每到寒冷的地方，它就变得不那么灵敏，也因为去过太多寒冷的地方，所以撞到冰山上多达138次。除了这些航行中常见的伤害之外，它还遭遇过13次起火的灾害。然而，这样让人触目惊心的数据，哪怕真的已经落到它的身上，也从未使它放弃前行。

这艘船不管受到多么严重的伤害，只要经过妥善的维修，它就能再次下海，继续航行。这艘船原本不属于英国，来到英国纯属偶然。一位英国的律师打官司失利，意兴阑珊，而且他的委托人还自杀了，所以律师感到很受挫，因而选择四处旅行，给心灵疗伤。当第一眼看到这艘千疮百孔的船时，律师简直震惊了，他突然想到自己经历的一切原本什么也不是，只是因为自己过于在乎，才会在无形中被放大。之后，律师把关于船的文字抄录到笔记本上，还给船拍了个特写的照片挂在办公室里，以时刻提醒自己要像这艘船那样坚强。

人生就像茫然无边的大海，每个人都是在大海上航行的船。海面上时而风平浪静，可爱温柔如同少女；时而狂风大作、巨浪滔天，让人忍不住要抱怨命运为何如此残酷，也恨不得自己马上就能上岸，摆脱人生这条贼船。然而，没有人能逃避人生，只要生命在延续，每个人就必须勇敢地面对生命，也从容地享受生命。尤其是在遭遇人生困厄，忍不住想要放弃时，我们更要拼尽全力，才能最大限度发掘人生的潜力，也让人生有截然不同的发展。

正如一首歌里所唱的，不经历风雨，怎么见彩虹，没有人能随随便便成功。的确，宝剑锋从磨砺出，梅花香自苦寒来。不管是宝剑还是梅花，要想获得属于自己的成功，一个泛出寒光，一个吐露芬芳，都要饱经磨难，也要孕育力量。

当你拒绝了生活的凄风苦雨，你也同时拒绝了出人头地的机会。众所周知，利益与风险总是并行的。利益越大，风险也就越高，所以你除了要追求高利益之外，还要理性接受高风险，做好承受风险的准备。记住，你就是自己的上帝，你就是自己的英雄，你的一切都把握在你自己的手中。

给自己一片危崖，成就壮丽人生

人生，固然需要机会、天赋、好运气和好的机遇，但是也需要一片危崖。看到“危崖”这两个字，也许有很多朋友会感到困惑，谁不希望自己的人生岁月静好，为何需要危崖呢？按理来说，人生应该避开这些黑洞才对啊！的确，人人都希望岁月静好，生活顺心如意，但是对于人生而言，这样的状态根本不可能真正实现，所谓的万事如意，只是人们在平日里互相祝福的话语而已。

从本质上而言，人生是需要改变的。现实生活中，很多人的人生都一成不变，这样的生活使人枯燥乏味，也使人觉得生命的历程似乎前进与停滞都是一个状态。毫无疑问，这样毫无变化和新意的人生，常常使人感到无奈。所以说，变化是人生的必然，只有在变化的状态中，人生才会不断被推进，也才会更加富有力量。从这个角度来说，当觉得人生枯燥乏味的时候，就要把自己逼到危险的悬崖边，这样才能成就更伟大的自己。

当然，大多数人的人生还是很平静美好的。作为普通人，要想获得成功，既要安然享受美好的人生，也要学会给自己的人生推波助澜，让人生有更多的变化。否则，当生活如同一潭死水，我们如何能够让自己的人生更好，又如何能够给予人生更多的可能性和成功的机会呢！

其实，从某种意义上而言，成年人反而要向孩子学习。在如今的时代里，有很多孩子在成长过程中都要承受繁重的学习任务。甚至有些孩子，平时在学校学习，周末休息的时候，还要去参加各种补习班。年幼的孩子也许会叫苦叫累，但是在被父母要求必须去上课之后，还是会坚持去上课。和孩子相比，成人缺乏这样的约束力，常常会在不知不觉间就放纵自己，吃饭只吃自己喜欢吃的，做事只做自己喜欢做的。日久天长，他们无法有的放矢面对人生，只会导致自己束手束脚，能力受到限制。

在生命的历程中，我们固然要爱自己，却也要对自己提出更高的要求，才能激励自己不断进步。尤其是对于很多渴望获得成功的年轻人而言，更要提升自己，激发自己的潜能，在前进的道路上勇往直前，才能让自己更加无所畏惧，人生收获满满。

与厄运抗衡，傲然伫立命运之前

很多明智者都知道，在人生的境遇中，只有经历过磨砺的人，才会变得更加强大。否则，如果人始终在顺遂如意的环境中成长，从未经历过任何磨砺，则他们的人生一定会变得轻飘飘的，未来在遭遇坎坷挫折和磨难的时候，也会因为缺乏经验，人生力量不足，而变得很怯懦。在这个世界上，没有人的人生会是一帆风顺的，孩子小时候接受父母无微不至的关注和照顾，也许会生活得很顺利，但是孩子终有一天会长大，要脱离父母的照顾而独自生存、面对人生。由此可见，每个人终究要独立面对人生，所以一定要让自己变得更加强大。

曾经有一位成功人士在谈起自己的成功时说，成功者与失败者最大的区别，就是面对磨砺的态度不同。作为美国大名鼎鼎的作家，布拉德·莱姆也曾经在文章里写道，最重要的不是你在生活中遭遇了什么，而是你如何面对自己的遭遇。正所谓心若改变，世界也随之改变。任何时候，我们都要勇敢无畏地面对人生，尤其是在艰难坎坷的时刻，更要激发自身的一切生命力量去与厄运抗衡，只有这样我们才能成为命运的主宰，才能以强者的身份傲然站立在命运之前。

在非洲人民的心目中，曼德拉就是他们的神。作为非洲人民运动的领袖人物，曼德拉把一生都献给了非洲的解放事业。他与非洲的白人统治者和黑人统治者为敌，带领非洲人民重获自由，能够有尊严地活着，享受生命的美好，享受生命的权利。正是因为曼德拉有着如此强大的精神力量，才能作为非洲人民的支柱，始终支撑着非洲人民不遗余力地进行奋斗。为了自由，曼德拉随时准备付出生命的代价。

1962年，曼德拉被捕入狱，先是因为“煽动罢工罪”和“非法出境罪”被判处5年监禁。后来，又在1964年举行的“利沃尼亚”审判中，以“企图暴力推翻政府”等思想罪名，被判处终身监禁。在这次审判中，曼德拉发表了“斗争宣言”，不但鼓舞了所有的南非黑人，也让“利沃尼亚”审判载入了史册。其他国家的很多人民正在享受的民主与自由，在南非想要实现却如此艰难。即使眼前一片黑暗，曼德拉的心中也始终有着长明灯，从未因此而放弃努力，他始终以坚强的精神鼓舞着无数的南非黑人。曼德拉这次入狱，在监狱里整整度过了27年的时间。等到重见天日的那一天，在就职典礼上，曼德拉甚至还邀请了当年在监狱里负责看守他的狱卒。他说，即使在监狱里，他也能够看到人性时而显现，为此激励他不断地坚持，绝不放弃。

只有内心如此强大的曼德拉，才能走过人生中最艰难的时刻，熬过漫长无边的黑暗，带领所有南非人民迎来光明、重获自由。难道曼德拉不知道继承酋长之后，他能够获得更舒服惬意的人生吗？他当然知道。但是他放弃了成为酋长的资格，选择了一条艰难的道路，只为了完成自己的理想。

对于大多数人而言，人生并不会像曼德拉这样大起大落，也不会像曼德拉这样需要艰难地前行。但是，这并不意味着人生就是顺遂如意的。在更多的时候，人生会遭遇坎坷挫折，也会遭遇重重磨难。只有不断地努力向前，在人生之中突破困境、超越困境、也持续地挑战自我和超越自我，我们才会变得更加坚强和强大，也才会在人生之中走过艰难坎坷，获得真正属于自己的成功和辉煌。

成功意念，心想才能事成

想成功和要成功有什么区别？有人觉得想成功和要成功没有区别，实际上，这两者之间有着天壤之别。想成功的人往往只是想一想而已，即使想了，现实也没有太大的改观。要成功的人不但想了，而且非常努力地去做了，为此他们面对成功有着强烈的欲望，也始终都在督促自己向着成功勇敢无畏地前行。在这样的过程中，可想而知，要成功的人会比仅仅想成功的人前进一大步，因为他们很清楚自己想要什么，也很清楚自己的心所指向的方向。

现实生活中，很多人都在重复着同样的生活，那就是晚上想想千条路，早晨醒来走老路。这是因为他们对于人生有着很多的渴望和憧憬，于是每当夜晚到来的时候就会满心欢喜，对于人生展开无穷的想象。想一想比真的去做简单太多，等到次日的朝阳升起，到了他们要把无数幻想变成现实的时刻，他们突然间就退却了。有的人就像寒号鸟一样安慰自己"明天就垒窝"，有的人索性直截了当地告诉自己"瞎想什么，日子还不是一样地过"，还有的人会自欺欺人地说"成功者都是有后台的，可轮不到我们这样一穷二白没有背景的人"……就这样，他们以各种理由和借口为自己开脱，安慰自己把日子继续这样过下去。这样的人就是典型的想成功，而不是真的要成功。

要成功的人哪怕面对很多的困难，也能够激励自己决不放弃，勇往直前去战胜困难；哪怕会遭到他人的阻碍和阻挠，他们只要想好了如何去做，就会坚定不移成为行动者；有的时候，在奔赴成功的道路上难免要忍受孤独，但是他们绝不畏缩，而是相信"冬天已经来了，春天还会远吗"……总之，他们告诉自己必须努力，必须成功，也必须不惜一切代价获得成功。

常言道，世上事就怕认真二字。一个人不管面对多么艰难的任务，不管需要经营好多么艰难的处境，都必须努力认真，才能改变境遇。否则，如果轻而易举就放弃了，那成功决不会从天而降；如果面对困难只想往后缩，那一定得不到好运气的青睐。正如一首歌里所唱的，“爱拼才会赢”，对于成功怀着坚定不移的信心和绝不屈服的信念，何尝不是一种拼搏呢？

秦朝末年，秦国的大将军章邯率领大军把赵国围困在巨鹿，让赵国根本没有突围的可能。赵王担心赵国有灭顶之灾，于是派人向楚国求救。楚王知道唇亡齿寒的道理，为此任命宋义为上将军，项羽为次将军，让他们一起率兵赶往巨鹿，解救赵国。然而，宋义是个贪生怕死之辈，才到半路上，就安营扎寨，不再前行。他每天花天酒地、贪图享乐，随着驻扎的时间越来越长，将士们缺衣少食，生存艰难。这个时候，项羽怒不可遏，杀死宋义，自命为上将军，率领部队马上奔赴巨鹿。到达漳河，项羽先是派出精锐小分队切断秦军的粮草供给，接着率领队伍渡过漳河。

过河之后，项羽深知章邯不是那么容易战胜的，而且章邯还率领着那么多人的大军。为此，项羽下令将士们凿穿过河用的船，烧掉安营扎寨用的帐篷，打碎做饭用的锅灶，只给每个将士发下三天的口粮。看到项羽的举动，将士们心知肚明，项羽是要下定决心与秦军拼死一搏，而绝不给任何人留下任何退路。为此，全体将士都奋不顾身，在战斗中抱着必死的信念，以一当十，与秦军决一死战。在接连对秦军发起九次进攻之后，项羽终于打败章邯，让秦军溃不成军。巨鹿之战，让秦军元气大伤，也为秦朝几年后的彻底毁灭奠定了基础。

项羽没有对将士们进行战前动员，而是以破釜沉舟的方式向将士们表明决心，告诉将士们此一战必然有去无回，只能打败秦军，而决不能失败。在看到项羽一定要获胜的决心之后，全体将士也都奋不顾身，浴血奋战，所以才能打败兵力强大的秦军。从巨鹿之战我们可以看出，当一个人意念坚定地要完成一件事情的时候，他所爆发出来的力量将是多么强大和不可战胜，他的潜能足以创造奇迹。

人生中，每个人都会遇到各种各样的挑战，有些挑战是我们所经历过的，虽然难度很大，但是还可以做到心中有数；有些挑战对于我们来说是全新的，是完全陌生的，为此我们不知道自己在努力尝试之后会得到怎样的结果。很多人之所以胆小怯懦，正是因为他们对于未知怀着深深的恐惧。当一个人能够战胜心中的恐惧，也可以全力以赴做好自己该做的事情，拼尽全力决不退缩，那么他的能量就会是巨大的。很多时候，我们需要对自己狠心一点，才能在人生的道路上破釜沉舟、勇往直前！

面对磨难，越挫越勇

人生之中，每个人都会经历形形色色的不如意，也会遭遇各种各样的挫折。很多朋友因为遭遇磨难而自暴自弃、畏缩不前，实际上，挫折是人生的常态，任何时候，我们都要当人生的强者，而不要在遭遇小小挫折的时候就止步不前，否则人生就很难取得进步。古往今来，那些成功者、伟大的人，之所以能够成就伟业，就是因为他们有着勇敢无畏的心，能够面对磨难，越挫越勇。

一切的挫折，就像我们成长道路上遇到的各种各样的小石子、大石块和坑坑洼洼，总是会对我们的人生产生各种各样的影响，但是我们不能因噎废食，不能因为这些障碍的存在，就不愿意继续朝着前面走去。只有走过人生中的各种挫折与磨难，我们才能坦然面对人生中的惊涛骇浪，因为每个人的能力都是在不断发展和进步的，如果始终都在抱怨，而没有积极的态度去面对人生，则人生难免会陷入困顿之中，也会因此而变得停滞不前。

现代社会，没有谁能顺遂地走过人生。越是在艰难的处境里，越是应该有的放矢地面对人生，这样的人生才会更加从容坦然，也才会拥有更好的成长和未来。否则，如果总是在人生之中退缩和畏缩，日久天长，就会形成胆怯的坏习惯，就会导致人生面对更大的困境和无奈。

有个年轻人从名牌大学毕业后，一直没有找到合适的工作。原来，他自视甚高，总是对自己有着很高的期望，而不愿意委屈自己，去从事普通的工作。为此，他常常感到迷惘，也因此而失落。后来，一家大公司大规模招聘人员，于是年轻人也赶紧去投递简历，参加面试。年轻人的确是有实力的，虽然面试的程序很多，要求也很严格，但是他过五关斩六将，最终和其他9个人一起，从100多人中脱颖而出，得到进入最后总裁面试的机会。

整个面试的过程，年轻人的表现也非常好。但是，在接下来的3天之内，他并没有接到公司的录取通知。他感到很绝望，居然趁着家人不注意，偷吃了一大瓶安眠药。幸好家人发现及时，把他送入医院抢救，才救了他一条命。年轻人刚清醒过来一天，他的家人就用他的手机接到了公司的录取通知，原来是因为公司的电脑程序出现错误，才导致没有及时通知到年轻人。但是在听说年轻人因为小小的挫折就选择自杀，暂时也不能去公司上班之后，公司领导经过一番权衡最终决定弃用年轻人，因为他们认为年轻人的内心太过孱弱，未来在工作中一旦遇到小小的困难和挫折，说不定还会做出什么过激的事情来呢！

一个人，如果没有强大的内心，那么在生活中遇到坎坷挫折的时候，难免情绪激动，也会因此而陷入更大的被动状态之中。作为用人单位，当然不愿意聘用这样有着玻璃心的员工，毕竟职场上的竞争是非常残酷的，而且职场上的变动也非常大。和这样玻璃心的员工相处，不但别人很累，而且他们自己也会因为一些莫名其妙的小事情就闯祸，自然会导致更加严重的后果。为此，我们要先修炼好自己的内心，避免玻璃心，才

能更加健康成长，也才能让自己的身心都很强大。

对于人生而言，挫折都是必修课，我们一定要重视挫折，才能在正面挫折的过程中不断地成长，也才能提升自己的内心，让自己变得真正强大起来。记住，没有人可以一蹴而就获得成长，在成长的道路上，我们必须非常努力进取，坚持前行，也要迈过各种坎坷和挫折，才能更加全力以赴地向前迈进，也才能不断地提升和完善自己。每一个挫折都是人生中成功的种子，我们要选择正确的方式呵护这粒种子，让它生根发芽，快速地成长。如果每一个挫折都在我们的人生中生根发芽，不断成长，则我们的人生就会有更加强大的力量，也会获得更加长足的发展。

记住，在通往成功的道路上，只有天时地利人和是远远不够的，还要对于人生有悟性，才能够直面人生的各种不如意和磨难。这样我们才能在人生的道路上不忘初心砥砺前行，也才能踩着挫折与坎坷作为进步的阶梯。在与挫折拼搏的过程中，我们一定要牢记一个道理，那就是如果我们战胜挫折，就可以获得成长；如果我们败给挫折，那么挫折就会成为我们的一个软肋。随着我们输给挫折的次数越来越多，我们的软肋也会越来越多。可想而知，这样总是向着挫折妥协的人生，必然会导致我们变得越来越被动和无奈，对于人生也会失去主动权。所以，明智的朋友们，一定要慎重对待挫折，绝不要轻而易举就对挫折缴械投降。唯有给予挫折强有力的打击，才能让挫折对我们低头！

第5章 思想有多远，人生就能走多远

人们常说：“思想有多远，人生就能走多远。”思维决定出路，积极的思想，往往会促使我们做出正确的决定，从而树立正确的目标。观念决定方向，思路决定出路，我们的出路在哪里，取决于我们的思想有多远。

有些风景，到达山巅才能看到

当一个人站在狭仄逼人的山谷里，他只能看到眼前郁郁葱葱的树木和淙淙的流水，也许景色不错，心情婉约，但是却无法领略在山巅一览众山小的辽阔，更不可能拥有万丈豪情。为此，那些喜欢巅峰的人也许会很欣赏山谷里秀丽的风景，却会在片刻停留之后马上奔向巅峰，哪怕要遭遇很多艰难坎坷，路过荆棘丛生之地，他们也在所不惜。

对于人生，每个人都有不同的态度，有的人甘愿当井底之蛙，过好自己默默无闻的小日子；有些人却志向远大，只想实现自己伟大的理想和梦想，创造人生的辉煌。然而，人生如同白驹过隙，生命一旦流逝再也不会回来，所以每个人都要最大限度地让人生圆满，才能避免人生留下遗憾。很多人追求岁月静好的人生，而不希望人生跌宕起伏，这是无可厚非的，因为岁月静好正是人生非常美好的一种状态。然而，岁月静好与拥有眼界也不是相互矛盾的。每个人都应该尽量开阔自己的眼界，而不要让自己始终停留在目光短浅的状态之中。

人生要想辽阔高远，就要让自己站在更高的地方。井底之蛙之所以只能看到头顶的一小片天空，就是因为他们生活在低处。常言道，站得高，才能看得远，这是很浅显的人生道理，也是很容易理解的。在人类历史上，牛顿的影响力非常之大，为此，很多人都仰慕牛顿，这是因为牛顿已经到达科学的巅峰，所以才能在科学上拥有更加开阔的眼界，也才能把目光投向整个大自然和宇宙。

每个人都是这个世界上独一无二的生命个体，每个人的思想也都是截然不同的。如果把众人不同的思想放在一起比较，那么这些思想就好似层峦叠嶂，起伏不平。当然，每个人思想的高度不同，决定了他们对待人生的态度不同，也决定了他们在人生中将会达到的高度截然不同。很久以前，有三个人一起在大城市里跟着建筑队干活，他们每天的工作都是砌墙。有一次，有人问他们“你们正在做什么”，他们给出了完全不同的回答。第一个人说：我在从事最累的活儿，砌砖，不然怎么养活自己呢？第二个人回答：我只是在建造房子而已。第三个人回答：我在建造美丽的城市。几年之后，这三个人的命运截然不同。第一个人因为建筑行业太辛苦，去了餐馆当服务员。第二个人还在建筑队里当建筑工人。只有第三个人，通过勤奋的自学变成了建筑师。

思想不同，人生也不同，所以人们才说，思想有多远，人生就能走多远。我们也要说，思想有多高，人生就能到达多高的高度。面对生活，我们一定要开阔眼界，要让自己站在更高的高度，才能看到人生更远处的风景。记住，有些风景，只有到达山巅才能看到。所以不要畏惧攀升过程中的辛苦，只有坚

持不懈、努力奋进，才能成功地到达人生的巅峰，也才能欣赏人生中天高地远的壮美景色。

勇敢地打破内心的局限

有一个心理学家以跳蚤为对象进行实验。他把跳蚤放在玻璃瓶里，瓶口敞开着，结果跳蚤果然不负跳跃大王的美誉，轻轻松松就从玻璃瓶口跳出来。接下来，心理学家拿出一块透明的玻璃盖板盖在玻璃瓶口上。跳蚤不知道玻璃瓶口有盖板，继续往上跳跃，结果每次都会撞击到玻璃盖板上。跳蚤不敢再跳那么高了，于是把跳跃的高度降低，在没有碰撞到玻璃盖板之前就停下来。后来，心理学家把玻璃盖板取走，但是跳蚤依然只能跳到玻璃盖板以下的高度，再也跳不出瓶口。原来，跳蚤已经进行自我设限，局限了人生的高度。

看到跳蚤这样的行为，一定有很多人都感到可笑，其实跳蚤之所以出现这样的行为，是因为它对于自己进行了限制。在嘲笑跳蚤的同时，人们一定没有想到，其实很多人也会这样进行自我设限，导致自身的发展受到局限。不得不说，这样的人生不是局限于外部环境和外部因素，而是局限于自己。

在一艘豪华游轮上，杰克一家四口买的是低等舱的票。他们以为船上的餐厅一定很贵，于是带了足够的干粮。每当到了吃午饭的时候，孩子们看着高等船舱里的餐厅中摆出很多美味的食物，总是眼馋地看着，有的时候还会垂涎三尺地靠近。为此，杰克总是呵斥孩子们要他们回来，不要靠近，否则就会挨打。孩子们在杰克的约束下，再也不敢靠近餐厅。

然而，因为天气原因，轮船比预计的时间要晚一个星期才能到达港口，所以，杰克带的干粮不够吃了。看着孩子们饿得眼冒绿光，杰克这才问服务员："你好，餐厅里如果有剩饭剩菜，可以让我的孩子们去吃一些吗？"服务员惊讶极了："餐厅里的饭菜是所有乘客都可以去吃的，难道你们从来没有吃过吗？"

正是因为自我设限，又因为碍于面子而不敢去询问，杰克全家人在漫长的航程中都在吃随身带着的干粮，而在轮船到达时间延迟之后，他们还不得不忍饥挨饿。在生命受到威胁的时候，杰克才张口向服务员讨要一些残羹冷炙给孩子们，结果发现自己和家人们错过了很多美味的食物。

很多时候，不是客观外界的环境限制了我们，而是我们的内心总是被局限，导致我们的人生面临很多的困厄。为此，我们一定要更加全力以赴做好该做的事情，也要打破内心的局限和思维的囚牢，这样才能放飞自己，也才能让自己抓住更多的机会，从而获得更多的收获和成长。

记住，很多时候，事情并没有我们想象的那么糟糕，也不像我们所焦虑的那样难以跨越。只有勇敢地打破内心的局限，也尽量避免事情朝着更加糟糕的方向发展，才能够不为自己设限，也才能够战胜坎坷和挫折，在人生的道路上勇往直前。

有一位澳大利亚的“海豹人”尼克，曾经创作了一本书，名字叫作《人生不设限》。尼克出生的时候就患有海豹肢症，所谓海豹肢症，就是和海豹一样天生没有四肢，只有手脚长在躯干上。可想而知，命运如此残酷的打击，让尼克几次三番想要自杀，尤其是随着不断的成长，尼克总是被身边的人嘲笑和歧视，更给了他很多无法承受的压力。但是，当一次又一次被救活之后，尼克决定要改变自己的命运，勇敢地创造生命的奇迹。

10岁的时候，尼克开始学习自理生活，通过坚持不懈的练习，他终于能够做一些简单的事情。后来，他渐渐地找回生存的信心，开始尝试越来越多的事情，居然学会了踢足球、打鼓、冲浪等很多正常人都无法做到的事情。尤其是冲浪，他居然能做出360度旋转的高难度动作，并且因此成为《冲浪》杂志最为酷炫的封面人物。最终，尼克成功了，他不像大多数人所想的那样注定要失去正常的生活，而是获得了常人都不敢想象的成功。如今的尼克是一家企业的总监，管理着一家企业，也是一位了不起的演讲家，为无数人带来坚强的精神力量。

即使作为父母，在尼克刚出生的时候，看到尼克的身体状况，也忍不住感到很可怕。但是，当大多数人都认为尼克的人生一定会非常悲惨的时候，尼克却以自己的努力赢得了生机。对于尼克而言，这的确是很重要的，因为他战胜了自己，也主宰了命运。任何时候，都不要觉得这很容易，但是也不要觉得这一定非常艰难或者根本不可能实现。只要你的心中有希望，只要你的眼睛里有光芒，未来你就一定可以战胜自己的短板，获得最大的成功。如果连患海豹肢症的尼克都能学会360度旋转冲浪，人生中还有什么奇迹不能实现呢？

美国大名鼎鼎的前总统罗斯福曾经说过，“除非你同意，否则你不能比人低一等”。由此可见，我们每个人都是自己的主宰，也是自己的希望和未来所在。不管外部的环境多么残酷和恶劣，只要我们始终坚持努力向前，只要我们全力以赴超越自己，我们终究能够成就更美好的自己。

记住，只有不设限的人生才能海阔天空，也只有不设限的人生才能潜力无穷。任何时候，都不要给人生设限，更不要给未来下否定的预言。

放下心灵的重负，勇敢高飞

曾经有一位名人说过，每个人最大的敌人就是自己，为何这么说呢？又有谁会与自己为敌呢？乍想起来，这句话是没有道理的，也不成立。然而，细细想来，就会意识到这句话之中蕴含着深刻的道理。正如前文所说的，一个人真正的绝望只存在于自己的内心里，而不是存在于生活之中。每个人都必须挣脱人生的束缚，才会有更加精彩的表现，才会有更加绚烂的人生，也才会在成长的道路上不断地崛起，持续地奋斗，成功地突破和成就自己。

俞敏洪在一次演讲中曾经说过，很多人在一生之中都被很多东西束缚，或者是贫穷的生活，或者是社会地位，或者是道德和风俗，或者是藩篱和规定。而生命绚烂起舞的过程，就是与这些束缚努力抗争的过程，正是在这样不断的突破和成就之中，生命才会不断地突围变得更加有分量，更加沉甸甸的。看过《西游记》的朋友们都知道，孙悟空即使本领再大，也翻不出如来佛的手掌心，即使逃回花果山，一旦唐僧开始念经，束缚在他头上的紧箍咒，就会让他头疼欲裂。实际上，每个人又何尝不是孙悟空呢，自己觉得可以七十二变、大闹天宫，而实际上这个社会并没有绝对的自由，每个人都是在一定的条条框框内生存，每个人也都是在自己内心的范围内才能合理存在和喘息。为此，我们固然要遵守各种规定，却也要坚持突破和成就自我，挣脱内心深处无形的束缚，从而让自己获得真正的成长和伟大的成就。

2008年，俄罗斯运动员伊辛巴耶娃再次打破了女子撑竿跳的世界纪录，在此之前，她已经25次打破世界纪录，这是第26次。她的这次突破，使得女子撑竿跳的世界纪录提升到了5.05米。到了2009年，第十二届世界田径锦标赛在德国柏林举行，伊辛巴耶娃的目标是第27次打破世界纪录。不管是伊辛巴耶娃自己还是她的教练，全都对这即将进行的第27次冲刺信心满满。

因为伊辛巴耶娃的实力强大，所以她出场的时间很晚。当该项目已经进行一个半小时后，高度到达4.7米，很多选手都知难而退，不敢接受挑战，伊辛巴耶娃这时才准备出场。她胸有成竹地做着准备工作，因为4.7米的高度对于已经成功突破5.05米高度的她而言根本不构成威胁，为此她决定从4.75米开始尝试。遗憾的是，最后出场的伊辛巴耶娃并没有给满怀期望的人们交上满意的答卷，她试跳4.75米失败了。而在伊辛巴耶娃出场之前波兰选手罗戈夫斯卡已经顺利通过了4.75米的高度，为此伊辛巴耶娃只能继续挑战4.8米的高度。当然，按照她的水平，只要不出现意外，4.8米也是很轻松的挑战。但是，也许是前面的失败打击了她的信心，她在冲刺的时候因为插竿过于延迟而再次失败。这个时候，伊辛巴耶娃只剩下一次机会，只有在最后一跳中获得成功，才能如愿以偿得到金牌。为此，她把打破纪录的目标放在次位，而继续冲刺4.8米的高度。在认真做好一系列动作之后，伴随着伊辛巴耶娃落地的还有横竿，伊辛巴耶娃崩溃地坐在地上痛哭，全场观众都感到匪夷所思，甚至无法在第一时间意识到到底发生了什么事情。然而，伊辛巴耶娃没有让自己的痛哭和崩溃持续太长的时间，仅仅过了一个晚上，次日她就精神抖擞地出现在公众面前。她认为自己身上背负了太大的压力，为此内心过于沉重。她认为自己是败给了自己，所以只有努力地超越自己，突破内心的囚牢，才能继续在成功的道路上不断奋进。相信伊辛巴耶娃在如此深刻地反思自己之后，不管未来她是否能第27次打破世界纪录，她都真正战胜了自己。

的确，对于一个26次打破世界纪录的运动员而言，伊辛巴耶娃创造了世界纪录，也创造了巨大的压力。在无形之中，她的精神会变得紧张，她的内心会变得惶恐，不管是因为荣誉带来的压力，还是因为身边人的期待，都会让她功利心增强，而得失心也变得沉重。为此，伊辛巴耶娃要想继续在运动生涯中不断进取，就要卸掉这一切的东西，激励自己不断地努力向前，这样才能轻装上阵，也才能在人生的道路上不断进取，无所畏惧地前行。

在人生的道路上，每个人都会遭遇各种各样的坎坷挫折，这是因为人生的道路从来不会非常平坦、一帆风顺地向前，而是会像山路一样蜿蜒崎岖、坑坑洼洼。既然如此，就不要总是面对人生怨声载道，而是要学会接受，学会坦然走好脚下的路，甚至在没有路的时候，我们还要勇敢地披荆斩棘，为自己开拓更新的道路。记住，人生既不会永远顺利，也不会永远坎坷。只有坚持不懈努力前行，我们才能拥有“山重水复疑无路，柳暗花明又一村”的惊喜。放下心灵的重负，努力地奋发向上，勇敢高飞吧，当你飞上九天云霄，就会看到更多美丽的景色，也会在人生中有更开阔的视野，就能够飞到人生中更为辽阔高远的境地。

拓宽视野，人生无限可能

很久以前，有一只小青蛙生活在井底，每天除了在井底玩耍之外，它会抬头看着井口上方高远的天空。它常常想：“在井口上面，到底有些什么呢？如果只有这如同白板一样的天幕，那可真没有什么好玩的，还不如我的井底世界精彩呢！”这样想着，小青蛙在井底生活得很快乐，从未想过自己有朝一日能够去到井上，见识更加精彩的大千世界。有一年夏天，雨水很多，有些泛洪，另一只小青蛙被水流冲到井底。看到井底之蛙，小青蛙对井底之蛙说：“兄弟，你怎么也在这里，我就够倒霉了，没想到你和我一样倒霉。”井底之蛙莫名其妙，反问：“为什么你说自己倒霉呢，还说我也倒霉？”小青蛙哈哈大笑起来：“从外面的精彩世界被冲到这个人间地狱，不倒霉吗？希望早点儿有人来打水，这样我就可以逃离这里了。”井底之蛙笑着说：“我看你根本不知道这里的好呢！这里有很多乐趣，我已经在这里生活很长时间了，我从出生就住在这里，从未离开过。”小青蛙惊讶极了：“你一直在井底生活，从未到过地面上吗？”井底之蛙点点头。小青蛙马上给井底之蛙讲地面上的精彩生活，井底之蛙不为所动，说：“我可不想离开这里……”正当此时，井上面吊下来一个水桶打水，小青蛙急忙喊道：“哥们，一起走吧，离开这里！”井底之蛙摇摇头，说：“上面也就那么大的天，我还不如生活在这里快乐呢！再见！”就这样，小青蛙跳入水桶，最终回到了地面世界，而井底之蛙却一直在井底生活，直到孤独终老。

很多朋友都曾经读过《井底之蛙》的故事，也知道井底之蛙之所以目光短浅，就是因为它从来没有看过地面上的世界。虽然人人都因为这个故事的深刻寓意而哑然失笑，但是现实生活中，偏偏有很多人就和井底之蛙一样只能看到眼前的生活，而丝毫没有想过人生还有其他更多的可能性，更不知道世界是天高地阔的，也是精彩无限的。有些人抱怨生活的枯燥乏味，却不知道那只是人生的表象，一个人要想了解生活，深入生活，就必须透过人生的表象洞察人生的真相，这样才能开阔自己的眼界，拓宽自己的视野，从而让人生拥有无限的可能性。

一个人的眼界是否开阔，对于人生的发展会有至关重要的影响。一个人如果总是目光短浅、视野狭窄，那么他根本不可能真正做到在人生中果断从容，也不可能拥有美好的未来。

例如面对同一件事情，目光短浅的人会因为恐惧而退缩，不敢放开手脚去干。众所周知，现代社会很多好机会转瞬即逝，因而如果不能当机立断抓住机会，也许机会转眼间就消逝了。相反，那些目光长远、视野开阔的人则能够看得更远，从而具有一定的前瞻性，他们能够预见未来的模样，因而更加拼尽全力拓展人生的可能性，也最大限度创造和实现人生。

现实生活中，人们常常抱怨命运的残酷，也希望自己拥有充实而又成功的人生。却不知道在人生的旅途中，每个人唯有更大限度打开心扉，让自己的人生勇敢果决，才能挣脱内心的囚牢，在人生中拥有大开大合的天地和未来。所谓心牢难破，如果一个人被禁锢于自己的内心，也因为命运的反复无常而不断地否定自己、质疑自己，那么试问如果连他自己都不能相信自己，又如何奢求别人能够相信他呢！

每个人都是社会的一员，都是群居动物，都必须在与他人的相处中更好地生存下来。现代社会，随着时代的不断发展，人与人之间的分工合作越来越密切，几乎没有人能够摆脱他人而独立生存。越是如此，我们越是应该战胜自己、超越自我，才能海阔凭鱼跃，天高任鸟飞。曾经有人说，男人靠着拳头征服世界，而女人靠着征服男人征服世界。实际上，不管是男人还是女人，归根结底唯有战胜自我，才能真正地征服世界。否则，一旦陷入心牢之中无法自拔，哪怕有多么强大的力量，哪怕人生面临着多少可能性，只怕也难以获得成功。

正如人们常说的，每个人最大的敌人都是自己，唯有超越自己、战胜自己，他才可能有大的发展。否则如果一味地沉浸在自怨自艾的情绪中无法自拔，也不知道怎样才能战胜自己，那么最终吃亏的一定是自己。朋友们，记住，你是你的敌人，你也是你的上帝。当你战胜自己，你就成为自己的上帝；当你败给自己，你也就成为自己的地狱。拯救自己，只在你的一念之间；战胜自己，也在你的一念之间；唯有坚持下去，给自己更多的胜算，你的人生才会有更多的可能性，也才会变得与众不同、出类拔萃！

人生知足也要不满足

都说知足常乐，有时候也不尽然。正确地利用一颗永不满足的心有时候更能促使一个人获得成功。永不满足并不是让你贪婪无度、只知索取，而是在人生的前进道路中不满足于已取得的小小成就，不断努力取得更大成就。物质、地位、财富都可以依靠别人给予，唯独个人的精神世界别人永远参与不了。精神世界要靠我们自己去创造，创造者的不同心境就决定了这个精神世界的不同样貌。积极乐观者会为自己搭建一个快乐祥和的精神环境，而悲观消极者搭建的精神世界必定只能充满绝境。拥有一颗永不满足的心是让自己不断学习，为自己的精神世界添砖加瓦。

对于我们来说，未来就好比一块空白的画布，需要我们自己去构思、涂抹。画作能否旷绝古今就要看我们自己，取得小小成就便轻易满足而停下作画，人生只能是平庸的。怀抱一颗永不满足的心，在空白的画布上不断涂抹、润色，最终便会拥有更加绚烂的人生。

“可惜我年轻的时候没有尝试一下。”年迈的祖母感慨道。说者无心，听者有意。15岁的约翰·戈德听到祖母的话受到很大震动，从那一刻起，戈德决定让自己绝不能重复祖母的遗憾。于是，他马上开始规划自己的人生，并详细列出了这一生想要做的事情清单。这也是著名的“约翰·戈德的梦想清单”的由来。

在这份人生规划中，他总共写下了127项详细明确的目标。这些目标中包括10条想要探险的河、17座想要征服的高山。除此之外，他还想要学开飞机、学骑马、学弹钢琴、乘坐潜艇。另外，他还梦想着要走遍世界的每一个角落，去世界上的每一个国家游历一番。当然，更重要的是，他的人生必须结婚生子。就连想要阅读的书籍，他也列了一个详细的清单：《圣经》《大英百科全书》，以及柏拉图、亚里士多德、狄更斯、莎士比亚等十多位大学问家的经典著作。

戈德每天都要查看这份梦想清单好几次，他将整份清单牢记在心并且倒背如流。最重要的是，戈德并不只是说说而已。据知情人士透露，在戈德的一生中，他环游世界4次，实现了127个目标中的103个。并且，他的清单在人生的每个阶段都有所增加。戈德就用这样的方式述说了他人生的精彩和成就，并且最终成为世界的一个传说。

要想到达人生的顶峰，当然必须有实际行动，但是相较于实际行动，最首要的应该是拥有一颗永不满足的内心。如果在前进途中偶遇一处坦途就甘于停止不前，那么永远也抵达不了更高处。

永不满足代表着不断进取。一个人未来的一切高度以及精彩程度首先取决于他的人生目标，而人生目标的确立需要有一颗永不满足的心。在同等条件下，不管选择何种人生道路，是否拥有进取的心，能够决定最终达成的结果的高低。当我们懂得不断进取之时，对同一件事物的看法就会发生惊人的转变。而不思进取，就犹如“做一天和尚撞一天钟”，必定不会取得多好的成就。因此，人生需要不断进取，需要永不满足。

拥有一颗永不满足的心就是面对同一个目标不断努力进取。就像刚造出来的航海罗盘，在没有磁化之前，指针的方向总是错乱的。但是指针一旦被磁化，就会被一种神秘的力量支配着永远指向那里。于人而言，这神秘力量就是不断的进取之心。每到达一个高度，它就召唤我们向更高的境界努力。就像有人曾经向美国一个薪水最高的职业经理询问成功的秘诀，他却回答：“我还没有成功呢！”在不断进取、永不满足的人面前，永远都不会有真正的成功，因为前面一定还有更高的目标。

生命不止，追求不息；仰之弥高，钻之弥坚。拥有不断进取、永不满足的内心是摆脱颓废的最佳手段。安于现状、不思进取的人永远做不出什么大的成绩，一个懂得永不满足、超越自我的人才能够激励自己做出更大的努力，争取最好的结果。因为，作为平凡世界中的一个普通人，我们必须时刻牢记：假如我们的人生注定是雨天，而恰巧我们没有伞，那就只有努力奔跑！

创新思维，财富是想出来的

无论做什么事情，如果你总是在别人用过的套路中打转，那只会束缚自己的思维，这时你应该做的，就是跳出框框，别被固有的思想禁锢住。当经验在大脑里越积越多，甚至会形成一种思维定式的时候，人们总习惯用自己的价值标准和思维模式来评判事物，其实，这就是所谓的“思想僵化”。通常情况下，越是在机遇面前，一个人的心理越是趋于保守，他就越容易陷入这样的困境，他很难去做任何事情。生活在这个变幻莫测的世界，时代总是向前，逆水行舟，不进则退，如果你不愿意创新自己的思想，总有一天，你会被这个社会淘汰。

匈牙利在20世纪40年代发明了圆珠笔，由于它易于书写和便于携带，所以一经问世便风行全球。可好景不长，这种圆珠笔在使用一段时间后就会出现漏油的毛病，一不小心就会弄脏纸张及衣袋。

对此，圆珠笔发明者及很多研究圆珠笔的人对于漏油问题反复进行了深入的研究，他们发现毛病出在笔珠上，笔珠书写时受到磨损，墨油就跟随磨损部位漏出来。他们将注意力一直停留在笔珠的研究上，拼命提高笔珠的耐磨性。当他们把笔珠的耐磨性改善后，笔珠与笔杆接触的耐磨问题又冒出来了。

日本人中田藤三郎却发现了问题中的奥秘，在他看来，圆珠笔是个很有发展前途的商品，假如能解决它的漏油问题，将会获得比圆珠笔的发明者更多的财富。他仔细分析了圆珠笔的结构及出毛病的原因，也总结了许多人对解决漏油问题的失败经验，最后，他采取逆向思维，获得了防止圆珠笔漏油的方法。

他的方法很简单：通过反复试验，统计当圆珠笔写到多少字后开始漏油，在掌握这个数量的基础上，他着手把笔芯的装油量减少，减少到圆珠笔磨损到开始漏油的时候，笔芯中的笔油刚好用完，这样，便就无油可漏了。笔芯的油用完了，换支笔芯，圆珠笔可继续使用。

在解决圆珠笔漏油的问题上，中田藤三郎并没有被固有思想的框框套住，而是逆向思维，因而巧妙地解决了难题。人和其他动物最根本的区别在于人有思想、有思维活动，但是，思想也是需要推陈出新、不断更新的。否则，总是被固有的陈旧思想束缚，只会一事无成。

在美国纽约街头，有一位卖气球的小贩，每次当自己生意不怎么好的时候，他就会使用这样的方法：向天空放飞几只气球。这样一来，就会吸引一些围观的小朋友来玩耍，自己的生意又会好起来，那些被气球吸引过来的小朋友都争着买他的色彩漂亮的气球。

有一天，当他向空中放飞了几只气球之后，他发现在一大群围观的孩子中间，有一个黑人小孩，他用一种疑惑的眼神看着天空。小贩很奇怪，他在看什么呢？顺着黑人孩子的目光看去，发现空中正飘着一只黑色的气球。这只黑色气球是否代表着黑人小孩自己呢？

小贩走上前去，用手轻轻地抚摸黑人孩子的头，微笑着说："孩子，黑色气球能不能飞上天，在于它心中有没有想飞的那一口气，如果这口气够足，那它一定能飞上天空。"

在当时的美国，种族歧视十分严重，黑人在美国社会根本没有什么地位。难道黑人就真的没有办法像黑气球一样飞上天空吗？或许，在几百年前，美国白色人种不会相信有一天黑人也会坐上总统的位置，那是固有的思想。但是，在今天，相信所有的美国人都知道，黑色人种一样可以很好地管理美利坚合众国。当然，几百年来，无数的黑人并没有被固有的思想束缚，他们一直在努力，终于，他们跳出了框框，而奥巴马则成为美国第一任黑人总统。

成功者说：“财富是想出来的。”其实，一个人要想成功，不仅仅要养成思考的好习惯，还需要不断地创新自己的思想。开阔思路，扩展思维，这样，你才能更大限度地获取有益的信息，从而促使自己获得辉煌的成就。对于那些敢于冲破固有思想的人来说，他们永远不会跟随众人的思维模式，而是努力找到一条独辟蹊径的解决办法的道路，那是他们身上的一种特质。

新思想是击破思维定式的有效武器，无论是在思考的开始，还是在其他某个环节上，当我们的思考活动遭遇了障碍，陷入了某种困境，难以再继续下去的时候，我们需要思考一下：自己的头脑中是否有了固有思想在起束缚作用，自己是否被某种思维定式捆住了手脚？

第6章 不敢冒险，才是人生最大的冒险

假如一个人缺乏冒险精神，他是很难取得大成功的。冒险是一个渴望成功的人必须具备的精神，风险与收益的大小是成正比的。一分风险是一分成就、一分财富、一分收获，优秀的人一定要有冒险精神，只有敢于冒险才能得到别人所得不到的。

满足于安逸舒适会失去自身的力量

古人云，生于忧患，死于安乐。这告诉我们，一个人如果总是生活在安逸的环境中，渐渐地就会磨灭斗志，不愿意继续努力奋斗。而如果一个人生存的环境不乐观，导致他对于一切都不满意，那么他就会非常努力想要改变现状，也会因此而爆发出强大的力量。所谓生于忧患，死于安乐，正是这个道理。然而，人的本能之一就是趋利避害，每个人都想做对自己有益的事情，而不愿意做让自己承担风险、非常辛苦的事情。俗话说，好吃莫若饺子，舒服莫若倒着。人人都想吃饺子，人人都是可以躺着就不坐着，可以坐着就不站着。然而，安逸会使人精神麻木，当一个人长期生活得很安逸舒适，渐渐地，他们就会失去斗志，也会失去改变人生的力量和勇气。

曾经有心理学家以海边为例，对人的心理区域进行了形象的划分。心理学家认为，人的心理区域与海边的三个区域相对应。岸边是沙滩，很多人都喜欢躺在岸边玩沙子、晒太阳，所以岸边就是人的心理舒适区。从岸边往里走，就到了浅水区，这个区域适合初学游泳者玩，相对安全。再往里走，就是深水区，因为海底暗流涌动，海底的情况也很复杂，为此常常会发生各种未知的危险。在深水区，即使是游泳经验丰富的人，也无法自由自在地畅游。在海边玩耍的时候，很多人都会停留在岸边，这让他们觉得安全和舒适。相应的，当一个人沉浸在心理上的舒适区，他们同样不愿意走出来，而希望可以长久地沉入其中。现实生活中，因为沉迷于心理舒适区而不愿意改变，固守旧有生活的人有很多，从这个角度而言，如果能够找机会把自己推入危险的深水区，逼迫着自己不得不做出改变，反而是一种很好的选择。

有很多人大学毕业去找工作，就希望找到旱涝保收、福利待遇好、薪资待遇高的工作，而不想加班，不想出差。殊不知，这样的工作只有退休人士可以享受，刚毕业的年轻人是没有资格享受的。也有一些职场人士对于工作不满意，但是就因为觉得工作还能养活自己，又担心未来找工作有可能还不如现在，因而就说服自己始终这样将就凑合，熬到最后人到中年，更加失去了换工作的激情和斗志，反而被公司淘汰。不得不说，正是拖延和贪图安逸，使得他们失去了主动求变的机会，而不得不被动地接受改变。生活中，还有很多的女性整日把减肥挂在嘴边，但是她们制订了运动的计划却不能当机立断执行，而且制订了节食的计划又总是安慰自己吃饱了才有力气减肥，而当走在大街上看着那些窈窕淑女打扮入时、身姿摇曳的时候，常常在心里狠狠地想：不就是瘦一点儿吗，值得这么骄傲吗！的确，我瘦我骄傲，那么你如何才能瘦下来呢？这就不是我需要考虑的问题，而是你要努力坚持做到的了。

古往今来，很多伟大的人都不会给自己太过安逸的生活环境。北宋时期，史学家司马光从小就很勤奋学习，他经常挑灯夜读，为了避免自己因为过度困倦而睡觉时间太长，他特意为自己准备了一个圆木做的枕头。这样一来，当他昏昏沉沉熟睡的时候，头部就会变得沉重，颈枕就会滚动掉落，他就可以醒来继续看书。在西方国家，艾默生也曾经说过，人不能坐在安逸舒适的软垫子上，否则就会不知不觉间睡着。由此可见，古今中外，那些伟大的人物之所以做出了璀璨辉煌的成就，就是因为他们对自己高标准严要求，从来不会放松和懈怠。

遗憾的是，现实生活中，有很多人都不明白这个道理，他们对待工作把分内之事和分外之事区分得很清楚，宁愿少做却从来不愿意多做。即使为了锻炼身体，保持健康，他们也总是吝啬运动，而更愿意宅在家里睡大觉。运动是生命的力量源泉，当一个身体特别疲惫的人在坚持运动一段时间之后，就会发现自己非但没有因为运动而变得疲惫，反而在适度运动之后变得更加精力充沛，身体轻盈。这是因为运动激活了他们身体中的能量细胞，唤醒了原本沉睡的身体。所以，再也不要吝啬努力，天上从来不会掉馅饼，世界上也没有免费的午餐，我们要想在生命的历程中有更多的收获和成长，就一定要激励自己动起来。在人生之中，只有离开安逸的舒适区，我们才能斗志昂扬，才能全力以赴去拼搏。

当然，很多人从小就没有吃过苦，在父母的照顾下成长，更不曾遭遇生命的磨难和挫折。为此，他们常常是遇到一点小小的挫折就逃避和畏缩，尤其是在面对艰难的困境时，他们更是会不由分说地逃避。殊不知，人只要活着，就要接受各种不如意，就要面对各种艰难坎坷，就要挺直脊梁去坚持。否则当逃避成为习惯，拥有强大的惯性，我们再想在人生中改变一种姿态也就会变得很难。

人，就是需要破釜沉舟的勇气，有的时候需要给自己留退路，有的时候却要审时度势把自己逼上绝路。任何时候，安逸舒适都像是一剂麻药，会让我们的人生面临更多的困窘。我们唯有更加全力以赴奔向人生的最终目标，才能距离理想的目标越来越近，也才能真正激发起自身的力量，战胜内心的胆怯和软弱，让自己成为真正的人生强者！

天才就是努力到极致

今天的你也许过着并不如意的生活，每天说是朝九晚五，实际上因为付不起昂贵的房租而生活在城市的远郊区，每天早晨天才蒙蒙亮就要起床，匆忙地洗漱，顶着一头的星星奔向公交车站或地铁站，奔波一两个小时，才到达工作的地方，赶紧在路边小摊随便买个什么饼，也不顾淑女或者绅士形象，就一边吃着，一边急急忙忙排队等电梯，去到办公格子间所在的楼层。有的时候，周末还要加班，你已经不知道自己有多久没有看到太阳，甚至当中午时分因为突然需要处理的事情而走下写字楼的时候，还会被晃眼的阳光刺得睁不开眼睛。这真的是你想要的生活吗？你不由得感到迷惘，内心深处也有太多的彷徨。你甚至不知道如何面对人生，也不知道如何应对未来，想一想自己曾经梦想的生活，你非常迷惘，也有些不知道进退。

然而，今日的辛苦努力到底是为了什么呢？每当想起曾经的同学已经在家乡过起悠闲惬意的生活，每当想起未来还那么遥远，甚至看不到希望的光，你也有过一刹那想要退缩，但是认真仔细地想一想，你又忍不住劝说自己：还是坚持下去吧，我想要的也许终究会到来！当新年的钟声响起，当新年的雪花开始肆意飞扬，你迈着坚定的步伐走向前方，因为你知道自己除了努力，别无选择。

对于人生，每个人都有自己的设想和期望，所以每个人所憧憬的人生是截然不同的，所拥有的人生也因为目标和梦想的指引而变得不同。有的人希望岁月静好，有的人只想在人生中不停地折腾，在这样的情况下，我们无须盲目地模仿别人，也不要因为羡慕别人就迷失了自己。只有不断地坚持，努力进取，我们才能在生命的历程中奔向自己所期待的未来，也才能在人生中活成自己想要的模样。记住，我们是自己人生的主宰，是自己的命运之神，任何时候都不要盲目地迷失，也不要一味地沉沦。只要我们扬起人生的风帆，勇敢地驶向人生和未来，一切就都会不期而至，也会在我们的努力达到一定程度，坚持到一定时间的时候，给予我们最丰盛的嘉奖。

我们一定要努力奋斗，否则，如果今天不流汗，未来就会因为生活的困窘而流泪。这个世界总是残酷且现实的，它逼迫着我们不得不绝地求生，尤其是命运之神，还常常会和我们开各种残酷的玩笑，导致我们在不断努力和前行的过程中，常常面临命运的绝境。然而，正如人们常说的，天无绝人之路，只要心中有希望，只要不停地努力和坚持奋斗，我们就总能冲破乌云的遮蔽，看到美好的未来，也总能在生命不断努力向前的过程中，获得更多的惊喜。

不要抱怨命运残酷，很多时候，正是因为命运的如此残酷，才能逼着我们不断地向前。古人云，生于忧患，死于安乐。很多时候，在安逸舒适的环境中，人们总是会陷入惰性的怪圈，也总是会在情不自禁的状态下感到迷惘和困惑。反而在人生的忧患状态之中，我们被逼着努力和崛起，又因为一无所有，光着脚，为此在人生中呈现出破釜沉舟的状态。人生看似漫长，实际上却非常短暂，尤其是那些适合努力奋斗和拼搏进取的青春时光，更是在不知不觉间就会消逝。对于每一个人而言，努力都应该是他们理所当然呈现出的人生状态，否则一个人不努力，就算好运气来到眼前也抓不住，就算有贵人相助，也因为他们不曾伸出手，而根本不知道应该抓住哪里。为此，一定要努力，一定要坚持奋斗，只有足够努力的人才能以昂扬的姿态面对这个世界，也只有足够努力的人，才能在坚持奋斗的过程中，获得生命的馈赠。

有些人对于现实生活总是充满抱怨，他们觉得自己没有得到命运的馈赠，或者常常被命运捉弄，为此他们怀着对于生活的强烈不满，常常想要放弃努力，不想继续拼搏和进取。殊不知，命运总是公平的，它在给人关上一扇门的同时，也会为人打开一扇窗。我们一定要对人生有更多的憧憬和渴望，也要努力地在生命的历程中不断进取，这样才能够继续向前、勇敢无畏。否则，一个充满抱怨、消极懈怠的人，是无法在命运的旅程中获得成功的，也是不可能得到好运青睐的。

经营时间，让它开花结果

时间对于每个人而言都是公平的，它从来不会因为任何原因而多一分，也不会因为任何原因而少一秒。面对时间，我们既要珍惜时间，争分夺秒，也要学会从容，才能走过时间无涯的荒野，才能把自己摆渡到人生更加丰富美好的彼岸。这个世界上从未有一蹴而就的成功，任何成功，都要靠着时间的浇筑才能初具雏形，才能真正成型。否则，如果我们总是会在无意间荒废时间，人生怎么可能开花结果呢？也有人说人生是一场未知的旅程，没有人知道生命将会在何时戛然而止，也没有人知道未来会在何时到来，既然如此，不如每时每刻都坚持做到最好，这样才能让自己拥有更多的可能性，也拥有更加强大的执行力。

既然生命中拥有多少时间是固定的，那么我们就要珍惜时间，也要有危机意识。很多人认为自己还年轻，不需要特别珍惜时间，其实不然，时间总是在不知不觉间溜走。还记得朱自清的《匆匆》吗？在《匆匆》一文中，朱自清写道：燕子去了，有再来的时候；杨柳枯了，有再青的时候；桃花谢了，有再开的时候。但是，聪明的，你告诉我，我们的日子为什么一去不复返呢？——是有人偷了他们罢：那是谁？又藏在何处呢？是他们自己逃走了罢：现在又到了哪里呢……没有人知道时间去了哪里，甚至很多人根本没有意识到时间的悄然流逝，但是时间就这么溜走了，一去不返，带走了我们的青春容颜，带走了我们对于人生的热血和激情。但是，不要觉得生命无涯，真正无涯的是时间。时间的无涯也不是让我们纵情去挥霍，而是如同空气一样包裹着我们，也如同空气一样在不知不觉间就悄然被消耗。即使再年轻，也要珍惜时间，俗话说，好钢用在刀刃上，我们也要把时间用在该用的地方。

时间就像是一粒种子，用在哪里，哪里就会生根发芽，就会开花结果。当然，如果你只是挥霍时间，时间就会像一粒轻飘飘的种子一样不知道被风吹到哪里去，也就无法落地生根。在大学里，为何每到毕业季同一个班级的学生会有不同的去向，甚至有截然不同的命运趋势呢？是因为他们之中，有的人把时间用于读书学习，有的人把时间用于恋爱纠缠，有的人把时间用于打游戏，也有的人在发展自己的兴趣爱好。为此当到了各奔前程的季节，他们就会有截然不同的表现，努力的人凭着实力找到好工作，不够努力的人在成长的道路上迷失，看着工作却可望而不可即。这都是因为他们把时间花在了不同的地方。

人在职场，很多人都会感到内心空虚，也愤愤不平，觉得自己付出了很多，却没有得到收获。其实不然。一切的努力都会开花结果，一切的未来也都会按照我们的期望而来。只有不断地进取，坚持去进步，也一直都在付出时间，栽培时间的种子，我们才能在时光的流淌中春暖花开。所以不要抱怨自己在工作上没有取得预期的收获。因为在工作8小时之内，大家都在认真工作，相差并不会很大，而在8小时之外，人们对于时间的利用才会表现出明显的区别。还记得在学校里的时候，很多人都会说功夫在课外，现在细细想来，这句话很有道理。功夫的确就在课外，包括在长大成人走入职场之后，功夫也是在工作时间之外。

一个人要想获得成功，就会受到很多因素的影响，古人云天时地利人和，其实现代社会的成功还与身体条件、精神因素、心理状态、真才实学、人际关系等密切相关。不要觉得只凭着努力就能获得成功，也不要认为所谓成功都是偶然得来的，而是要意识到成功从来都是复杂的事情，都不可能一蹴而就。为此，我们要更加潜心下来，有的放矢地面对各种挑战和困境，才能全力以赴做好自己该做的事情，才能竭尽所能创造自己的精彩未来。

心理学家经过研究发现，每个人都有巨大的潜能，这潜能就像是人生的宝藏一样，必须努力去发掘，才会在人生之中发挥积极的作用。相反，如果总是把潜能埋藏起来，不去激发，日久天长，人们就会遗忘潜能。当然，对于时间，大文豪鲁迅先生也曾说过，时间就像海绵里的水，挤一挤总还是有的。所以不要以没有时间为理由，总是让自己在做很多事情的时候都无限地拖延。而是要激发自身的潜能，全力以赴做好自己该做的事情，才能有的放矢面对人生，才能全力以赴经营好人生，这才是最重要的。浪费别人的时间，就等于谋财害命，浪费自己的时间，则莫过于放弃生命。当你放弃生命，你还有什么资格对生命提出期望和希冀呢？从现在开始，让我们珍惜时间，也让时间在我们的苦心经营下开花结果吧！

敢于冒险，攀登更高的山峰

在美国的商业界流传着一种说法，即不冒险就是最大的冒险。这是为什么呢？不冒险，让人生维持最佳的状态，这不

是很好的选择吗？怎么反而变成最大的冒险了呢？实际上，这是由现代社会的现状决定的。在如今这个时代里，万事万物发展的速度都很快，没有人可以保持静止的状态，就像人在地球上即使纹丝不动，也会坐地日行八万里一样。在时代的推动之下，人作为社会的一员，也始终在努力和进取，一味地停滞不前，看似是在保持老样子，实际上在疾驰而过的时代背景映衬下，已经是在不进则退。

在秋季里，很多人都喜欢吃螃蟹。殊不知，如果没有第一个吃螃蟹的人，也许螃蟹至今为止无法变成餐桌上的美味呢！人类历史之所以不断地向前推进和发展，就是因为有那些敢为天下先的人存在。当然，作为普通人，我们也许没有机会去代替整个人类冒险，但是在人生拼搏的过程中，我们却要有敢于冒险的精神，这样才能不断地尝试、突破和超越自己，也给予生活更多的可能性。

人人都向往成功，然而成功却不是唾手可得。很多时候，我们还要付出长久的努力，才能依稀看到成功的影子。也有很多时候，我们明明已经坚持很久，也付出很多，却始终没有得到成功的青睐，更没有获得收获。于是，有的人就选择了放弃。殊不知，成功往往就在转角处。面对人生的各种困厄，我们必须勇往直前，努力超越困境，也突破自我，才能激发自身的力量，坚持下去。如果你的努力还没有收获，如果你的人生还没有契机，不是因为努力没有效果，或者成功与你无缘，而是因为你还需要继续坚持、继续努力，才能有的放矢地面对人生，最终以极大的热情真正奔向成功。

当看到别人的人生那么辉煌时，你一定会羡慕。但是你也要知道，没有人的成功是凭空得来的。在每一个成功背后，都有过不为人知的艰难时刻和漫长付出，人人都只有熬过黑暗，才能迎来黎明。未雨绸缪固然是需要的，可以帮助我们在没有做事情之前对于事情的结果就有一定的谋划，但是过度未雨绸缪就会变成杞人忧天，就会使得生命呈现出故步自封的状态。所以我们除了要未雨绸缪，还要具有勇敢拼搏的精神，这样才能全力以赴经营好属于自己的人生，也才能让人生绽放出异样的光彩。

迄今为止，老张已经在这家公司工作了十年，可谓是公司的当朝元老。公司最初成立的时候发展速度还是很快的，但是在经历了一段快速成长期之后，就进入平稳期，而老张作为公司的一个区域总监，也过上了安稳的职场生活。这样的日子过久了，老张未免怀念曾经激情燃烧的岁月，眼看着他就要到不惑之年，如果继续这样耽搁下去，也许最终的命运就是和公司一起老去。然而，眼下所拥有的这一切的确也是很难舍弃的，和公司里新进入的人员相比，老张已经到了很高的管理层，而且每年得到的薪水和公司的分红也不算少。到底该怎么办呢？

一个偶然的机会，老张接触到一个很好的项目，为此他特意和老板提出，想要和老板合作开发这个项目，从而让自己从分红者的角色变为合伙人的角色。然而，老板是很保守的，他珍惜自己已经得到的一切，不想再去轻易冒险，也不想为了老张想要创业就承担风险。当然，老板也极力劝说老张打消创业的想法，毕竟创业的道路是没有那么好走的。但是老张不甘心，在妻子的大力支持下，老张终于调整好心态，决定放手一搏。创业的道路比想象得更加艰难，老张非常坚持和努力，才熬过公司成立之初举步维艰的局面，让公司渐渐步入正轨。这个时候，老张也理解了前老板为何不想再创业，但是他并不后悔自己的决定。又是一个风风雨雨的十年过去，老张就像回到了年轻时代，每天都热血澎湃，带着公司里的员工们努力拼搏，闯过一个又一个难关。十年后再回头去看，老张俨然比十年前成功多了，也成熟多了。而当初和老张一样在公司的元老，却因为年纪大了，被公司辞退，已经失去了拼搏的机会，面临更大的人生困境。

如果当年不能下定决心舍弃已经拥有的一切，开始新的创业之路，老张就不会有今日的成功。他很坚定不移地做自己，也很清楚自己想要怎样的人生，所以才能朝着目标勇敢无畏地前进，也才能在奋斗的过程中始终不忘初心、砥砺前行。

人生能有机会搏，此时不搏，更待何时？任何时候，我们都不要对人生感到畏惧，尤其是当机会已经悄然来到眼前的时候，我们更是要全力以赴抓住机会，绝不让机会悄然溜走。古往今来，无数的成功人士之所以能够获得成功，就是因为他们勇敢地抓住了各种机会。例如当年陈胜吴广起义，就是因为陈胜很有决断，也当即就开始做出实际的行动。有些时候，越是千载难逢的好机会越是容易转瞬即逝，我们不但要思考是否该抓住机会，还要在想好之后当机立断去做，这样才能切实抓住机会。有人说，年轻就是资本，的确，年轻是资本，却不是安逸和退却的资本。作为年轻人，一定要有勇于拼搏和冒险的精神，才能勇敢无畏地畅行人生的道路。否则总是故步自封，做任何事情都把自己禁锢和局限起来，那么根本不可能获得成功。

时代发展至今，社会已经不仅仅需要那些如同老黄牛一样的人，而是需要更多富有创新意识和能够真正开始创新的人。在人生的道路上，只有勇敢无畏、敢于冒险，才能攀登更高的高峰，也才能创造生命的奇迹。

踏破荆棘，前方是康庄大道

如果你去爬山，你是喜欢走已经雕琢好的台阶路，还是喜欢走人迹罕至的道路呢？无疑，走台阶路会很省心，因为只要沿着台阶拾级而上即可，但是却只能看到人工雕琢的风景。如果走人迹罕至的道路，你或者踩着前人留下的模糊脚印前行，或者需要自己重新开辟道路，自然要披荆斩棘，甚至还要沾满两腿两脚的泥，才能走得更远一些。但是，在这样艰难前行的过程中，你会发现更多的野趣，也会看到其他人从未看过的风景。选择不同的道路，各有不利，也各有收获，重点在于我们想要看到什么、得到什么。

人生也是一场未知的旅程，在这场旅程中，你想看到怎样的风景，取决于你想拥有怎样的人生。如果你想拥有与众不同的人生，就要一路披荆斩棘，不走寻常路。如果你不想在人生之中操心，而只想让自己悠然自得，那么你完全可以走别人开拓好的路，甚至也有可能父母已经为你安排好了道路，你只需要按部就班地前行。然而，这样的人生未免太乏味无趣了。做人，必须有自己的主见，也要坚持过好自己的人生，才能活出精彩。否则，把自己的人生活成了别人的样子，把未来变得没有任何新鲜感，这样的人生当然是没有意义的。

如今有太多的人对于人生没有自己的规划，他们常常人云亦云，也总是盲目跟风。他们看了《杜拉拉升职记》，就想进入外企；看了其他的影视剧，就马上被演员塑造的角色吸引，梦想自己成为另一个人。实际上，你所看到的光鲜亮丽，只是别人呈现在外面的样子，在你看不到的背后，他们也曾坚持到无力再坚持，也曾感受到身心的双重疲惫，觉得自己就是那只骆驼，只差一根稻草就要被压死。如果你不曾有过这样的状态和努力的付出，你有什么资本去要求自己也得到和别人一样的收获呢?

尽管时代变得越来越浮躁，但是没有谁能够随随便便成功。在人生的道路上，我们必须一路披荆斩棘，才能熬过各种艰难，才能最终走到红毯的尽头。不管外部世界多么焦虑不安，我们都要有一颗淡定的心，唯有如此，我们才能以不变应万变来对待人生。

作为一个没有任何家世和背景的孩子，小小要想在这个城市里留下来，简直难于登天。才大学四年级，班级里很多同学的父母就开始托人找关系，为了孩子将来的工作铺路。但是小小呢，她的家在遥远的山村，她的父母都是老实巴交、一辈子面朝黄土背朝天的农民。父母能够供养她读完书，已经是非常不容易，工作的事情她只能靠自己。

其实，这个道理小小从大一刚开始就知道。为此，当同学们刚刚升入大学，每天逛街、玩游戏、聚会、享受轻松的时候，她或者在打工，或者在背诵英语单词；当同学们为了期中或者期末考试而忧愁焦虑的时候，她却已经在通过自学的方式考取第二专业；当同学们忙着谈恋爱，叫嚣着大学不恋爱后悔一辈子的时候，长相美丽的她默默地拒绝了好几个男生的追求，依然心如止水、全力以赴地学习和进步。这就是她的选择。结果，在大四的时候，当其他同学和父母一起盲目地寻找工作的时候，她却已经接到好几个大企业的邀请函。她没有觉得自己有多么了不起，她选择了一家不那么拔尖的公司，决定继续开始自己的拼搏人生。毕业后的三年时间里，她依然过着苦行僧一样的生活，因为她知道自己一无所有，只能成功，不能失败。三年的时间，她不但奠定了自己事业上的基础，也被那些对她佩服得五体投地的人称为“拼命三娘”。她不觉得这是一个贬义的称呼，每当有人这么叫她的时候，她都欣然应允。未来的日子里，她还将继续拼搏下去。

事例中，小小的人生就是在披荆斩棘。众所周知，每个孩子出生时所拥有的起点都是不同的，那些运气好的孩子，一出生就含着金汤匙，他们一出生就有着高起点，甚至是很多出生于贫寒人家的孩子穷尽一生也不能达到和实现的。既然如此，又该怎么办呢？作为穷苦人家的孩子，不能因此就缴械投降，不再努力；作为富贵人家的孩子，也不能就此认为自己的人生永远停留在出生的高度。所谓人外有人，天外有天，每个人都是这个世界上独立的生命个体，也有自己与众不同的人生，不要因为总是进行横向比较就扰乱了自己的心，而是要与自己相比，促使自己进步和成长，这才是最重要的。

在生命的历程中，每个人都有自己的烦恼，也有自己的不满意。任何时候，都不要因为对于人生有太多的奢望，而扰乱了自己的心，而是要更加努力坚持、无畏前行，才能在踏遍荆棘之后，走出属于自己的人生道路。记住，生命因为你的努力而美好，命运从来不会亏待一个拼命前进的人。当你踏破荆棘，你的人生也就有了一条只属于你的康庄大道。

出走半生，归来仍是你

人生短暂，不过短短几十年。人生也很漫长，尤其是在遭遇艰难坎坷的时候，更是每一分每一秒都是煎熬。因此，我们的人生到底是如同白驹过隙，还是只能艰难地忍受煎熬，实际上取决于我们的心态。当我们感到生活很快乐幸福时，人生就会飞快地流逝。因而，我们必须端正心态，才能最大限度地拥抱和享受人生。

当我们在人生之中流连忘返时，我们也会问自己：十年后，我们的人生将会如何？十年，对于人生而言，并不是很短暂的时间，尤其是对于青春岁月而言，十年显得更加宝贵。也许十年间，我们从婴儿到少年，或从青年到中年，或从中年到老年。总之，十年会跨越我们人生的不同阶段，甚至让我们的人生发生翻天覆地的变化。没有人知道自己十年后将会如何，尤其是在变幻莫测的命运中，十年的时光也许会变得很温情，让我们的人生实现梦想；也许会变得很残忍，让我

们的人生彻底失去希望。甚至，我们有可能在十年间彻底失去生命。但是，无论如何，光阴如同流水，没有人能够抽刀断水，阻断水流。

大学刚毕业的时候，菁菁是个非常单纯的女孩，她从来不知道世道险恶、人心难测，也从未想过如何与同事搞好人际关系，从而让自己的职业生涯更加顺利。就这样，她懵懂着踏入社会，很多时候不管是伤害了别人还是被别人伤害，她都浑然不知。

十年间，她辞掉工作，经历了失败的婚姻，如同一场蜕变，更像是凤凰涅槃。如今，她已经成为一个5岁孩子的妈妈，有一份自己喜欢的工作，还有一个深爱自己的老公。回想起当初离婚时的绝望，她甚至想到了死，她不由得庆幸自己终究没有死去，否则也就没有她今日的幸福快乐，这个世界上也许就少了一个完满的三口之家。尤其是看着聪明可爱的儿子，她更是感谢命运垂怜，让她同时拥有生命中最重要的两个男人。他们一个躺在她的左侧，一个躺在她的右侧，他们的呼吸是那么平稳，使她在无眠的夜里也能够安然到天明。

对于人生而言，十年的光阴实在太长，能够让人历经生死，感悟人生。对于人生而言，十年的光阴也着实太短，在这短暂的时光里，我们还来不及感悟人生，领悟人生的真谛。朋友们，回想自己的人生历程，你们可曾有深刻的感悟呢？时间对于每个人都是公平的，它从来不会停滞，更不会因为任何人做片刻的停留。因而我们必须把握人生的宝贵时光，努力生活，成就自我。

记得前段时间，朋友圈里疯传一位初二女孩的作文，作文的题目叫作《愿你半生归来，仍是少年》。在这里，我们要说，愿你十年之后，依然怀着一颗赤子之心，既不会对生活感到失望，也不会对生活失去热情和激情。唯有如此，我们的人生才不会褪色。朋友们，十年之后，不管你变成谁，不管你的人生怎样，都要记得我们今日对自己的承诺，让自己永远保留一颗赤子之心。

第7章 困难总有尽头，谁也不该轻易放弃

俗话说：“人生不如意事十有八九。”我们的人生并不会一帆风顺，可能前一刻还是晴空万里，后一刻就是雷雨交加。当我们在人生的道路上跌倒的时候，当我们对人生迷茫失去信心的时候，学会安慰自己：困难总有尽头，谁也不该轻易放弃。

坚持到最后，也笑到最后

现实生活中，人人都渴望获得成功，都梦想着能够达到人生的巅峰，获得圆满的结果。然而，只有少数人能够成功，大多数人都只能度过平庸的人生，甚至常常与失败纠缠不休，这到底是为什么呢？究其原因，是大多数人对于失败的态度不同。真正的成功者哪怕遭遇失败，也能够鼓起信心和勇气再一次尝试，因此他们可以在一次又一次的失败中汲取经验和教训，也能够最终获得成功。例如爱迪生发明电灯，就尝试了1000多种材料，进行了7000多次实验，才找到当时最适合用作灯丝的材料，获得成功。而失败者、平庸者则与成功者截然不同，他们哪怕在面对人生的时候遭遇小小的挫折和坎坷，也认为是沉重的打击，变得颓废沮丧，甚至心生胆怯，不愿意再继续努力和尝试。这是因为他们缺乏坚持到底的精神。也有少部分人在坚持很多次之后，因为缺乏毅力，最终选择了放弃，这样一来，他们在真正获得成功之前放弃，也为此而迷失在生命的历程中，彻底与成功绝缘。由此可见，真正的成功者都是能够坚持到底的人，都是能够在无数次失败面前始终不放弃的人，唯有如此他们才能坚持到最后，也笑到最后。

成功的道路从来不是顺遂如意的，尤其是在追求成功的道路上，每个人都会遇到各种各样的困难，都会经历形形色色的障碍，也会遭遇不可预知的、突如其来的打击和磨难。在这样的情况下，我们到底是选择知难而退还是迎难而上呢？这样的选择让我们的人生走向不同的境遇，也让我们的未来变得截然不同，甚至还会彻底改变我们的命运。为此，我们最重要的不是幻想成功，而是要让此刻的自己拥有坚韧不拔的毅力和顽强不屈的精神，这样的我们才会在人生的道路上迈过一道又一道的坎，走过一程又一程的艰难，从而获得最终的成功，获得人生的丰收。

成功是没有捷径的，也没有诀窍，如果说成功一定有经验，那么对于无数成功者都适用的唯一经验就是：坚持，坚持，再坚持！唯有如此，我们才能在生命的历程中不断地崛起，也才能在人生的道路上努力向前，不断进取！否则，当我们内心失去希望，也情不自禁想要放弃，那么我们就会面临彻底的失败，再无成功的可能！

1980年，在美国的一个偏僻且贫穷的农庄里，山德士出生。他的家非常贫穷，全家5口人，都依靠父亲的微薄薪水度日，生活得很艰难，也偶尔会有食不果腹的时候。即便是这样的日子，也没有维持太久的时间，在山德士5岁的时候，他的父亲因为生病突然去世，这让原本艰难的家庭陷入更加困窘的状态，母亲不得不日夜辛苦地做工，才能勉强养活5个孩子。作

为老大的山德士常常在母亲还没有收工的时候做饭给弟弟妹妹吃，以减轻母亲的负担。在他12岁那年，母亲改嫁，山德士与继父相处得很不愉快，继父对他动辄打骂，于是他开始了辍学四处打工和流浪的生涯。此后，他充满坎坷和挫折的人生也拉开了序幕。

山德士一生之中结过两次婚，被第一任妻子卷走了所有的财产，与第二任妻子离婚。他虽然开了一家饭馆，但是却因为要修建公路而不得不关门。直到快60岁的时候，他依然只能依靠微薄的救济金生活。有一天，他突然想到自己开饭店的时候做的炸鸡很受欢迎，为此他决定出售自己的炸鸡配方，为自己赚取收益。然而，他在两年多的时间里开着破旧的老爷车跑遍了美国，风餐露宿，吃住都在车里，饱尝苦头，却没有把配方推销出去。他没有气馁，继续努力，在被拒绝了1009次之后，在进行第1010次推销的时候，终于有人愿意出钱购买他的炸鸡配方。结果，以他的炸鸡配方为基础的连锁餐厅发展很迅猛，他由此而过上了很好的生活，到了75岁的时候，他出售了炸鸡品牌和专利，并且没有保留股份，由此一来他失去了人生中最大的一笔分红。他尽管很心疼，但是没有气馁，居然以83岁高龄又开起快餐店，并且打赢了被指控商标侵权的官司。由此一来，大家都知道他是创办炸鸡连锁餐饮的人，他微笑着的老爷爷形象也挂遍了全世界的炸鸡品牌连锁餐厅。

不得不说，山德士的一生是充满坎坷和挫折的一生，正是因为他坚持不懈地推销炸鸡配方，才在已经年逾60的情况下，成功扭转了命运。如果他不能坚持到底，即便是在被拒绝1009次之后放弃，他也不会有今日的成就，更不会有后来发展良好的人生。

对于每个人而言，坚韧不拔的毅力都是不可或缺的优秀品质。古今中外，大多数能够获得成功的人，都是因为在不断努力的过程中，在面对失败的时候，表现出顽强不屈的毅力。一切伟大的人物都有坚持不懈的精神，也有与命运博弈的勇气，所以才能最终证明自己的实力和价值，也以坚持不懈的精神为自己谱写人生的伟大篇章。相比之下，总是热衷于放弃的怯懦者，是与成功无缘的，也难以逃脱被命运放弃的厄运，常常会在与命运博弈的过程中失败，或者在还没有与命运展开博弈的时候就甘拜下风。

逆境中坚持下来，决不放弃

每个人都是这个世界上独一无二的生命个体，每个人都有自己的梦想和理想。同样的道理，在通往梦想的道路上，每个人也有自己独特的方式去努力奋斗。总而言之，人生从来不是一蹴而就的，除非父母把成功拱手送给孩子，除此之外没有任

何可能不劳而获，获得成功。而从本质上来说，父母拱手相送的成功并不是真正的成功，也不是真正属于孩子的人生成果。所以面对人生，每个人都要做好心理准备，也要下定决心拼尽全力地付出，才能在人生的道路上越走越远，也才能更加接近成功。

每一条通往成功的道路都充满坎坷，唯有不放弃，才能最终走完这条艰难之路，距离成功越来越近。因为对于每个人的人生而言，只有放弃才是彻底的失败，才是不能逃脱的人生绝境。喜欢看好莱坞大片的朋友们都知道，那些铮铮铁骨的硬汉，都是不奋斗到最后一刻决不放弃的，在他们身上完美地体现出生命不息、奋斗不止的精神与气质。每当到了关键时刻，他们几乎都是拼尽全力，以生命在搏斗。所谓功夫不负有心人，最终他们也的确获得了成功，并且赢得了胜利。每当此时，不管是演员还是观众，都觉得欢欣雀跃，都觉得人生瞬间充满了希望，都感受到内心澎湃的激情。总而言之，人生的道路原本就是漫长而又艰难的，每个人唯有更加积极主动地面对人生，从容坦然地把握人生，才能真正主宰人生，实现人生的璀璨与辉煌。

很久以前，有位将军奉命率军攻打敌人占领的一块高地。对于这块高地，指挥部势在必得，因而给将军下了死命令，要求将军必须在天黑之前拿下，否则就会影响战绩。将军也深知这块高地的重要性，因而带领全体将士一鼓作气，奋不顾身地往前冲。然而，将军进行了9次冲锋，敌人都负隅顽抗，绝不投降。在最后一次冲锋之后，将军失去了所有的士兵，自己也身负重伤。眼看着夜幕降临，将军深感内心绝望，看着远处高地上敌人高高飘扬的旗帜，感受着身体传来的剧烈的疼痛，将军万念俱灰，用仅剩的一颗子弹自杀了。

后来，援军到来，看到将军饮弹自杀，不由得群情激愤，当即发起了最后一轮攻击，誓要与敌人拼个你死我活。然而，等到全体将士冲到敌人的高地上之后，才发现高地上的敌人已经全都死了，只剩下一个伙夫绝望地抱着旗杆，似乎整个人都傻掉了一样。

在两军对垒中，伙夫并不是坚持到最后的那个人，因为他很有可能是被吓傻了，所以才不知所措地抱着旗杆呆在那里。将军却轻易放弃了冲锋，既被敌人始终飘扬的旗帜吓倒，也被自己受伤的身体拖累，因而最终选择了结束生命，一死百了。毫无疑问，将军曾经也是战功赫赫才能当上将军，但是在这场战役中，他却输给了自己，输给了内心的胆怯和不够坚持。

不仅是在战场上，哪怕是在日常生活中，我们也同样需要坚定意志，才能战胜自己，奋勇直前。从本质上而言，很多时候，我们并非在与命运斗争，也不是在与外界博弈，而是在与自己的内心进行较量。唯有真正战胜自己的内心，唯有以力量注入心灵，让自己变得强大起来，我们才能更加从容果决，才能在人生中拥有胜算，创造精彩与辉煌。记住，不管环境多么恶劣，也不管现实多么糟糕，都不要放弃。当你发自内心地放弃了，你就彻底失败了，再也没有获胜的可能。唯有在逆境中坚持下来，决不放弃，你才能创造生命的奇迹，也才能给予人生更多成功的可能性。其实，打开成功大门的钥匙就掌握在你自己手中，只要你足够坚持，决不放弃，你就能在人生中收获更多，获得长足的进步。

坚持，守得云开见月明

人有很多劣根性，喜新厌旧和幸灾乐祸都是人的劣根性之一。在人生中，喜新厌旧的表现就是，有志者立长志，无志者常立志。一个人在树立梦想之后，总是轻而易举就放弃梦想，等到心血来潮之际，又情不自禁再次树立梦想。正是在这样一次又一次树立梦想的过程中，人生变得越来越空虚，宝贵的青春时光也悄然流逝。幸灾乐祸也是人的劣根性之一，它的表现就是，当看到他人付出了很多努力，最终却毫无收获，被梦想拍死在沙滩上，总有些胸无大志的人因此而感到庆幸：幸亏我对于人生没有过多的奢望，能够踏踏实实生活，而不是努力追求梦想，最终毫无收获。殊不知，在你嘲笑别人的同时却丝毫没有想到，别人也许追求梦想而不得，但是你的一生却连梦想是什么样的都不知道，也因为对梦想的倦怠，你的人生变得更乏味，毫无意义，这样的人生又有什么必要存在呢？

人生并非应该数十年如一日或者岁月静好地度过，每个人在人生之中都会有各种各样的追求，而最大的人生追求莫过于实现梦想。作为梦想的拥有者和执行人，我们一定要记住，任何情况下，坚持都比放弃更好。哪怕坚持毫无所获，只取得了最坏的结果，我们也会得到经验，让人生因为丰富的阅历和历练而变得更美好。这就是坚持梦想最大的意义所在，和这个意义相比，坚持的结果反而显得没那么重要了。

很多朋友都看过电影《阿甘正传》，那么一定知道对于阿甘而言，他最大的可爱之处就是坚持。阿甘天生智力低下，正是因为坚持，他才能够成就人生，也是因为坚持，他才在人生之中有了更大的收获和更好的发展。如今，很多人都喜欢网购，那么也都知道阿里巴巴的创始者马云并非生而就获得了成功，相反，马云在人生之初并不顺遂。他高考接连两次落榜，直到第三次才考上师范院校。后来，他创办翻译社，却入不敷出。又在偶然的机会中接触了网络，萌生出创办中国黄页的想法，还被人误解为骗子。直到最终真正开始创业，马云也遭遇了很多挫折和磨难，但是他却始终坚持，从未想过要放弃。正是这样的坚持不懈，甚至是近乎于疯狂的、傻傻的坚持，才能让马云守得云开见月明，在人生中收获丰满，也获得了举世瞩目的成功。

随着时代的发展，现代社会中很多人都眼高手低，缺乏坚持的精神。他们从走出大学校园开始，就梦想着能够一蹴而就，找到让自己满意的工作，从此之后拿着高薪，过着一世无忧的生活，却不知道人生从来没有免费的午餐，更没有天上掉馅饼的好事。一个人要想在人生之中获得成功，就必须非常勤奋努力，而且要拼尽全力坚持下去。唯有如此，才能创造人生的奇迹，才能在坚守之后见到希望之光，才能在人生之中拥有更多，也收获更多。否则，如果对于工作只是当一天和尚撞一天钟、蒙混过关的态度，面对人生的小小困境也总是轻而易举就放弃，又如何能奢求实现梦想呢！

人生中的每一天都是相互影响的，很多情绪还具有传染性。例如一个人如果清晨起床就像打了鸡血一样精神抖擞、情绪高涨，那么在一整天的时间里他都会意气风发。而如果一个人从早晨起床就愁眉苦脸，不知道该做什么，那么他一整天之内都会觉得迷迷糊糊，甚至完全不知道怎样才能调整好状态，让自己努力奔向成功。所以哪怕只是独处，我们也要对着镜子里的自己笑一笑，也要大声告诉自己“我是最棒的”，这不是形式主义，而是帮助自己勇敢坚持下去的好方法，也是让人生卓尔不凡的最佳途径。

朋友们，当你对于梦想感到动摇，而对人生又陷于困惑时，一定要当机立断坚持下去。记住，哪怕是一分一秒的放弃也是不可取的，因为人生苦短，如同白驹过隙，经不起任何放弃和折腾。一个人要想拥有充实精彩的人生，就要争分夺秒地努力，发掘出自身最大的潜力，才能在人生之中勇往直前，奋发向上，创造奇迹。

一旦轻易放弃，就会一无所有

现实生活中，很多人都过于贪心，对人生有太多的欲望和奢望，因而把自己死死地束缚住，让自己陷入贪婪的深渊无法自拔。与这样的人正好相反的，恰恰是那些打着人生极简的旗号，总是轻而易举就放弃人生的人。实际上，真正的简单宁静是发自内心的，而并非来自形式。很多人之所以都习惯于放弃，是因为他们的内心不够坚定，并不是因为他们真的追求极简生活，也享受极简生活。

生命中，有太多美好的东西值得我们去追求，也值得我们为之奋斗。然而追求的过程从来不是一帆风顺的，任何好东西也并非唾手可得的。面对人生的艰难坎坷，唯有不断地奋斗，坚持不懈地努力，才有希望柳暗花明又一村。因而不管什么时候，我们都要牢记的道理是，只要活着，就必须奋斗；一旦轻易放弃，就会一无所有。

在经典影片《七宗罪》中，讲述了生命中的很多罪恶，面对这样邪恶的人生，难道我们只能逃避，而没有其他的办法可以应对吗？认真想想，人的很多恶劣行为和罪恶行径，的确都是与七宗罪相关的，都能在“暴食”“贪婪”“懒惰”“嫉妒”“骄傲”“淫欲”“愤怒”中找到丝丝缕缕的关系。一个人一旦放任这些罪恶在心底流淌，那么很多罪恶行径就会应运而生，甚至无法控制。

尤其是在不那么顺遂如意甚至堪称坎坷的人生中，面对生活的窘境，面对人生的不如意，就有更多的烦恼接踵而至。如果说人生在幼年阶段还有很多幸福美好，那么到了成年阶段，就会因为各种各样的需求和形形色色的压力变得越发沉重起来。当心无处遁形，这些罪恶又能去哪里躲藏呢？

不可否认，人生之中有很多东西都值得我们去追求，并且为之奋斗。诸如理想、成功，诸如美好的爱情、深厚的友情，就算一个人想要得到高官厚禄、金钱名利，也无可厚非。在这么多值得追求的东西里，我们理应发愤图强，而不能让自己的内心也物欲横流。不管个人真正追求的是什么，都应该以实现自身的理想和价值为终极目标，都要拼尽全力让人生变得充实，让生活充满希望。

一直以来，父亲都希望乔森能够子承父业，把家里的小超市继续开下去。毕竟超市就守在小区门口，可以保证乔森衣食无忧的生活，也能帮助乔森避免激烈的社会竞争。然而，乔森根本不愿意像父亲那样在大半生的时间里都守着小超市，他的梦想是从家里走出去，在更广阔的天地里成就自己的人生。因而每当父亲提起让乔森子承父业时，乔森总是找各种各样的借口推脱，这让父亲很伤心，甚至觉得乔森就是个不思进取的孩子，连开超市这么简单安逸的事情都不愿意做。

眼看着乔森一天天长大，父亲担心如果继续任由乔森这样下去，也许乔森会误入歧途。为此，父亲郑重其事地问乔森：“你对于未来有什么规划呢？”正巧，乔森也想和父亲谈一谈，他一本正经地告诉父亲：“我要去当一名修理工，和机器打交道，我喜欢机器。”父亲勃然大怒，他想让乔森接管超市的希望彻底落空了，但是乔森却每天都高高兴兴地去机械厂上班，即使经常需要加班，累得满身疲惫，他也从不抱怨。

1944年，乔森成为波音飞机公司的掌门人，他设计并制造了被誉为“空中飞行堡垒”的轰炸机。

假如乔森当年接受父亲的建议，接管家里的小超市，那么他就不可能从事自己喜欢的维修工作，每天都与机器打交道。幸好他是一个有主见的人，也坚定不移地坚持自己的梦想，并且为了能够实现梦想而不懈努力，所以他才能成就自我，创造生命的奇迹。

不管是在生活中还是在工作中，每个人首先应该做的就是确立人生的方向，这样才能内心坚定不移地向前走去。否则，如果因为他人的三言两语就轻易改变自己，那他必然会迷失方向，也会让人生因此而陷入焦虑不安之中。一块地，总有一粒种子是适合它的；一个人，总有一种人生是属于他的。唯有戒骄戒躁，找到最适合自己发展的人生方向，我们才能更加坚定不移地朝着人生目标发展，也才能最终成就自我，缔造人生的传奇。

勇往直前，把握好命运之舟

没有人的人生是一帆风顺的，也没有人能够一蹴而就获得成功。一个人要想获得成功，要想有所成就，给自己最好的交代，就必然要经历很多的艰难困苦，也要在挫折与失败之间不断地苦苦挣扎。难道那些成功者从来不知道失败的滋味吗？当然不是。而是那些成功者在面对失败的时候，能够坚持不懈，哪怕遭遇再多的磨难也决不放弃，更不会失去希望。由此可见成功者之所以能够成功，是因为他们始终能够坚持自我，始终能够向着成功不断奋进。不管做什么事情，我们都要百折不挠，都要不屈不挠，还要在跌倒了之后勇敢地爬起来，才能继续奋斗，勇往直前。

对于一个人而言，最可怕的是退却，因为退却是人发自内心的力量，是很难战胜的。日常生活中，人们常常用灰心丧气来形容他人如同斗败的公鸡，其实这个形容词非常准确。所谓灰心，正是退却的表现，正是动摇之后要放弃的前奏。不管怎样的努力，一旦与灰心丧气沾上关系，就会前功尽弃，彻底失败。假如我们想要满怀信心向着成功的目的地进发，就要充满信心，这样才能在人生之中勇往直前，绝不放弃和退缩。哪怕别人都放弃了，我们也应该坚定自己的思想，努力勇敢地向前进。

大仲马身为大名鼎鼎的作家，他的儿子小仲马原本可以依靠父亲的名声取胜，但是小仲马却坚持靠着自己的力量，绝不轻易放弃。他没有告诉任何人自己的父亲是大名鼎鼎的大仲马，而是笔耕不辍，努力创作优秀的作品。直到《茶花女》问世之后，在文坛上引起了巨大的轰动，人们才知道才华横溢的小仲马原来是大仲马的儿子。不得不说，小仲马的成功取决于他的自信，更取决于他绝不放弃的精神和毅力。

作为英国的前任首相，丘吉尔在世界历史上留下了浓墨重彩的一笔。对于成功，丘吉尔也有自己的理解，他说，成功是一种能力，这种能力能够帮助人们从一个失败走向另一个失败。乍听起来，丘吉尔对于成功的理解似乎有些消极，但是实际上，丘吉尔恰恰说出了成功的真谛和意义。一个人如果能够真正想明白获得成功的途径，在面对失败的时候绝不畏惧，也不放弃，那么他才有更大的可能性获得成功。

对于人生，人们给予了很多巧妙的形容和生动的比喻。有人说人生是一场没有归途的旅程，有人说人生是一次博弈，也有人说人生是一场牌局。

实际上，人生更像是一场棋局，这场棋局永远也下不完，我们要在人生的道路上不断地坚持向前，每走一步，都要谋篇布局，思量好自己下一步到底应该怎么走，这样才能竭尽全力把每一步棋都走好。

当然，即使费尽心思，人生也不可能只有正确的棋路，很多时候，人们总是一不小心就把一步棋走错了，在这种情况下，不要担忧，也不要畏惧，因为人生的棋局从来不是绝对正确的。哪怕在人生的道路上遭遇风雨泥泞，走错了一步棋甚至几步棋，只要能够坚持下去，拼尽所能去弥补错误，踩着失败的阶梯站起来，那么就能汲取经验和教训，也能让人生柳暗花明，拥有更美好的未来。

朋友们，任何情况下，都不要轻易放弃人生。不管是你的朋友已经放弃，还是你的敌人已经动摇，你都要坚定不移地把握好人生的方向，这样才能在人生之路上勇往直前，才能把握好命运之舟，引导自己走好人生的道路。

古今中外，大多数能够在人生之中有所成就的人，无一不是人生的成功者。面对人生的逆境，他们绝不放弃，也不妥协，而是坚定不移，勇往直前，努力奋斗，淡定从容，成为人生真正的胜利者！

最后能成功的，都是熬得下去的人

对于成功，每个人都有自己的理解和定义，也有各自不同的标准和判断。有人觉得有权有势才是成功，有人觉得功成名就才是成功，有人则觉得所谓成功，就是坚持笑到最后，成为那个笑得最美的人。从本质上而言，所谓成功，就是熬到所有人都退缩了，我们依然能够勇往直前、决不退缩，也是让人生拥有更加从容充实的未来，给予人生更完美的交代。

灾难不会一直与人生相依相伴，随着人生不断的奋勇向前，随着拥有更多美好的憧憬和渴望，人生会变得更充实，也会变得更无畏。真正勇敢的人生强者，并非是拥有高大威猛的身材，也不是在人生中无所畏惧。真正无所畏惧的人，是知道自己面临危险，却出于勇敢无畏的心态而奋发向上的人，他们具有一颗坚定的心。总而言之，人生从来都是没有回程的旅行，每个人面对人生时都要无怨无悔，才能在人生之中真正地崛起，也才能让自己胜者为王，获得人生的成功。

命运从来不会青睐任何人，一个人要想在人生中获得成功，就一定要坚定不移，越是面对人生的困境，越是能够坦然从容面对人生的困厄，才能熬下去，才能战胜人生的逆境，从而不断地超越自我，在人生中取得质的飞越。

人是群居动物，人生之中，几乎每个人都需要与他人相处，也每时每刻都生活在人群之中。尤其是在生活和工作中，人人都面对很多困难，与其因为畏惧困难而退缩，不如更好地把握命运的脉搏，从而给予人生更多的充实与收获。

作为同一条街上的服装店铺，思思的生意在很多同类型的店铺中，并非是最好的。她虽然对于服装有自己独到的理解和欣赏品味，但是她的眼光却不为大多数人所认可。因而，思思尽管有一些忠实客户，实际上却经营惨淡，不能做到红红火火。为此，思思感到很担忧，不知道自己未来应该怎么办，也不知道自己的生意将何去何从。

有一段时间，思思变得信心全无，从此前充满热情、积极地经营生意，到后来对生意变得越来越淡漠，也不愿意再把大部分时间和精力花在生意上了。渐渐地，思思甚至产生了放弃生意的念头。然而，过了一段时间之后，思思突然痛定思痛，意识到不能就这样懵懂地度过人生。她当即改变思路，不再一味地坚持自己的独特眼光和品味，而是尝试着研究大众的欣赏品味，最后终于让服装店的生意起死回生，经营火爆。而思思的竞争对手，有的选择关门大吉，有的选择转行经营其他生意，只有思思剩了下来，也只有思思获得了成功。

所谓胜者为王，也是剩者为王。不管做什么事情，都应该努力坚持下去，只有避免半途而废，才能让自己获得最终的胜利。否则，哪怕一件事情做起来很容易，如果一旦遇到小小的困难就选择放弃，那么就根本不可能获得成功。总而言之，人生从来不是一帆风顺的，也并非是伸出双手就能获得成功的，唯有坚持不懈，不断地奋勇向前，我们才能在人生中有更好的发展和更精彩辉煌的未来。

常言道，笑到最后的人才是笑得最好的人。面对人生的坎坷挫折和艰难境遇，我们唯有怀着积极乐观的精神，才能冲破人生的困境，也才能得到命运的馈赠。记住，不管什么时候，我们都需要冲破人生的艰难险阻，才能在人生中拥有更大的成就，收获人生中更美好的未来。无论人生现状如何，我们都要从容面对人生，从而才能把握人生，绝不轻易放弃。

第8章 去抓取和创造机会，命运绝不能只依靠等待

常常有人抱怨自己生不逢时，没有遇到好的机遇，其实，机遇就潜藏在你的身边，关键是你能否抓得住。机会是属于每一个人的，但是若你不能及时地抓住它，机会就会转瞬即逝。所以，努力去抓取和创造机会，命运绝不能只依靠等待。

成功只属于真正的勇敢者

人类文明发展到今天，之所以有如今的繁荣昌盛，是因为有很多勇于当先的人，创造了很多第一次。例如，以前的人不敢吃西红柿，把从西方流传到中国的西红柿称为爱情苹果，有了第一个人不怕西红柿有毒，吃掉西红柿，我们如今才有如此美味的蔬菜。以前，人们不敢吃螃蟹，觉得螃蟹张牙舞爪的，看起来就很吓人，如果没有第一个吃螃蟹的人，人们现在怎么可能享受这么美味的食品呢？人类文明的发展，时代的进步，永远都离不开那些勇于创新者，正是他们推动了整个人类社会不断地向前发展和进步，也正是他们推动了整个人类社会努力进取，勇往直前。

在如今的时代里，创业的机会很多，但是真正敢创业的人却很少。一提起创业，人们就会感到非常艰难。实际上，创业并不像人们所想的那么可怕，我们固然要未雨绸缪想到创业过程中有可能会遇到的困难，但是也要认识到，有些风险的确会发生，有些风险未必会发生。在现实生活中，赌博是被禁止的，但是实际上，人生之中总要有些赌博的精神，才能最大限度激发自身的潜能和力量，也才能让自己在人生的道路上更加无所畏惧、勇往直前。

实际上，创业既难，也不难。关键在于，我们要有一颗积极热情的心，才能在创业的道路上坚定不移地勇往直前。如今，很多女性都喜欢使用玫琳凯化妆品，实际上，玫琳凯的人生并不是一帆风顺的，她之所以能够在困境和逆境之中激发自身的力量，做出伟大的事业，与玫琳凯在人生道路上坚定不移地前进有密不可分的关系。

玫琳凯结婚很早，才20岁就已经成为带着三个孩子的单身妈妈，为此日子过得特别艰难。然而，玫琳凯没有放弃努力，而是继续一往无前地努力进取。她先是去读大学，后来去一家公司销售家用消耗品。为了激励自己更加努力，她会以每个星期为单位，把自己要完成的销售目标写在卫生间的镜子上，这样一来，她早晨的时候对着镜子梳妆，就可以看到目标，以此激励自己。如此，过了十几年，玫琳凯已经拥有丰富的销售经验，而且在一家新公司里获得了很高的职位。但是，玫琳凯在工作中常常感受到他人异样的目光，也常常因为身为女性而受到不公正的待遇，为此，她决定改变自己，放弃已经不错的工作，开创自己的事业。

一开始，玫琳凯不知道如何去做，于是她决定根据自己努力拼搏的经历写一本书。后来，她在完成书的大纲时，突然想道：我有这么丰富的销售经验，也知道应该如何去做，既然我能写书去指导别人，为何不能自己亲自去做、去实践呢？玫琳凯相信自己一定会获得成功，为此当机立断决定创业。新公司成立之初遇到了很多困难，但是玫琳凯始终都没有放弃，而继续努力去做得更好。在她的带领下，公司的业绩越来越好，她的事业也渐渐地步入正轨。就这样，玫琳凯公司在1976年成功上市，而在此之前，还没有任何女性拥有的公司获得如此大的成功呢！如今的玫琳凯在全世界范围内发展强劲，而且拥有大量的女性职员，可以说，玫琳凯不但是女性适用的化妆品，也是女性创业的先驱。

如果就这样被世俗的观念打倒，虽然做得很多，也表现很优秀，但是却始终因为是女性而被人小看，那么玫琳凯就不可能获得后来的成功。真正的成功者，总是有着不服输的精神，也总是会在成长的道路上不断地坚持进取，勇敢地成为第一个吃螃蟹的人。

现实生活中，很多人都羡慕他人总是能够获得成功，拥有至高无上的地位，也拥有最大的权力，却不知道他人的成功从来不是平白无故、一蹴而就获得的，任何时候，我们都要不忘初心，砥砺前行，才能在人生之中获得更好的成就。记住，人生从来没有回头路可走，很多好的机会也总是转瞬即逝的。要想抓住成功，我们就必须非常勤奋和努力，也要真正地全力以赴，才能最大限度调整好状态，也以端正的态度面对人生。记住，成功只属于真正的强者和勇敢者，如果你不想在人生的路上掉队，就一定要坚定不移地做自己，也要全力以赴创造独属于自己的精彩人生！

不管黑夜多么漫长，黎明总会如约而至

在生命之中，很多人都寄希望于他人，渴望以他人的努力成就自己，创造人生。就像有人曾经在网络上所说的，男人拼尽全力征服世界，而女人则通过男人征服世界。这么说来，女人原来是有征服世界的捷径，然而实际上，不管是女人依靠男人，还是孩子依靠父母，抑或是父母等到年老体弱之后依靠孩子，都不是长久之计。常言道，靠山山会倒，靠人人会跑。对于每个人而言，在人生中唯有坚持努力，才能改变命运。有些朋友抱怨人生充满坎坷挫折，也抱怨天生没有好运气，殊不知，每个人都有属于自己的命运，在人生中都会有截然不同的表现。有的人天生幸运，含着金汤匙出生，不是拆二代就是富二代，有的人却没有这样的好运，出生在贫苦的家庭中，哪怕竭尽全力去努力，也未必能够达到其他人一出生就拥有的高度，更不可能和其他人一样拥有一切。为此，他们感到非常羞愧，甚至彻底放弃努力，不愿意在人生之中继续坚持下去。殊不知，对于人生真正的强者而言，哪怕人生起点很低，他们也不愿意放弃，而是会继续努力，坚持到最后一刻。

每个人在这个世界上，最可靠的依靠就是自己，唯有自己才能带领自己突破人生的困境，冲破人生的极限，从而让自己有好的发展。在这个世界上的每一个地方，人都只能依靠自己生活，也只有靠着自身坚持不懈的精神，才能最大限度地发挥

自身的能量，创造人生的奇迹。

如今，希尔顿酒店几乎遍布世界各地，成为举世闻名的高档酒店。只要是有经济实力和身份地位的人，在出行的时候都会选择去希尔顿酒店入住。在享受希尔顿酒店星级服务的时候，却很少有人知道希尔顿酒店的缔造神话。如今，世界上之所以有大名鼎鼎的希尔顿酒店就是因为酒店创始人希尔顿坚持不懈、不遗余力的努力。

在20岁那年，希尔顿就在几间破旧的茅草屋里开起了家庭旅馆。旅馆开业的时候恰逢圣诞节，所以希尔顿把旅馆作为圣诞礼物送给自己。早在那时，他就对母亲说一定要集资建造新旅馆，而且要以自己的名字命名。希尔顿还拿出地图，指着地图上的各种地方告诉母亲，一定要让整个国家都遍布自己的旅馆。光阴荏苒，转眼之间，时间流淌21年，希尔顿已经41岁了。在21年的时间里，希尔顿逐一实现了人生的理想，曾经从几间茅草屋开始经营的希尔顿酒店，如今已经成为全球连锁的酒店，而且具有极高的品牌价值。看到希尔顿用21年的时间完成人生的蜕变，很多人当然羡慕希尔顿，但是他们却不知道，希尔顿为了实现人生理想，曾经多么艰难坎坷，饱经磨难。曾经有段时间，因为受到经济危机的影响，希尔顿在经济上面临前所未有的窘境，希尔顿酒店也门可罗雀，经营惨淡，但是希尔顿从未放弃努力，而是始终竭尽全力节省酒店的开销，和全体员工一起开源节流，为酒店渡过难关而努力。即便如此，希尔顿酒店还是关闭了三家连锁旅馆，幸运的是，在他们的坚持之下，这一切艰难很快度过，希尔顿也最终成就了人生新的辉煌。

每个人的人生都会遭遇困境，然而，无论现状多么艰难，我们都不应该被困难吓倒，否则就会彻底被困难击垮。最明智的做法是面对困难越挫越勇，这样才能彻底击败困难，也才能在困难中崛起。记住，命运从来不眷顾不会坚持的懦弱者，唯有始终坚持不懈，人生才能柳暗花明。

不管黑夜多么漫长，黎明总是会如约到来，最重要的在于，我们要以坚持和毅力，熬过最艰难的时刻，也以努力彻底改变命运，缔造从容辉煌的人生。希尔顿酒店的发展历史告诉我们，只有努力与坚持下去才能获得成功，而作为普通人的人生，也要坚持不懈，努力奋进，才能更加充实，拥有璀璨的未来。

把握机会，扼住命运的咽喉

很多人都抱怨人生缺少机会，也抱怨命运不公。殊不知，命运从来都是公平的，也给予了每个人相同的机会。遗憾的是，有些人能够当机立断抓住机会，而有些人在机会面前却犹豫不决，最终任由机会悄然溜走。这并非是因为他们不想得到人生的机会，而是因为生命中的机会并非以单一的形式出现，有的时候机会显而易见地标榜自己是机会，而有的时候机会却以各种各样的形式出现，就像是戴着面具，很难被认出来。在这种情况下，我们当然不能抱怨命运总是偏爱某些人，也不能抱怨命运从未给予我们公平的对待，而是要始终坚信，人生之中处处有机会，时时有机会，唯有努力抓住机会，我们才能创造人生，也才能用机会改变命运。

看到这里，相信很多朋友都忍不住反思自己是否在人生中有过错失机会的愚蠢行为。这样的反思一旦进行，人们就会意识到自己的确曾经错失机会，也会因此而懊悔万分。殊不知，机会从来不会从天而降，更不会无数次出现。尤其是那些千载难逢的好机会，总是转瞬即逝，很少以同样的面目在人们面前出现两次。既然如此，我们要想抓住机会，首先需要练就的就是火眼金睛。其次，当机会悄然出现在面前时，我们还要当机立断抓住机会，而不要有片刻犹豫，否则机会就会一去不返。记住，你不曾拥有好机会，不是因为你的生命中从未出现过好机会，而是因为你常常因为犹豫不决错失机会。正如一首歌里所唱的，该出手时就出手，面对人生的机会，每个人都要信奉这个原则，该出手的时候就勇敢出手，绝不犹豫不决，更不“心慈手软”。对于人生，总是要有这样的勇气和魄力，才能把握机会，也才能扼住命运的咽喉，成就人生新的高度。

很久以前，有个传教士特别信奉上帝，几乎每天早晨和晚上，都要怀着虔诚的心向着上帝祈祷。传教士相信，只要自己足够诚心，就能让上帝听到自己的声音。为此，他也总是寻找各种各样的机会接近上帝，更是希望有朝一日能够见到上帝。

有一次，山洪暴发，肆虐的洪水很快就要淹没村子。政府机关先是派人组织村民疏散，等通知到传教士的时候，传教士却说："我不走，我要向上帝祈祷，上帝一定会来救我的。"通知的人无奈，只好离开教堂，继续疏散他人。在第一轮疏散结束后，为了避免遗漏，一艘冲锋舟在村子里巡逻，只为了救出那些还来不及疏散的人。

看到冲锋舟上的人，正跪在上帝神像面前祈祷的传教士依然拒绝被救援，而是坚持说："我等着上帝来救我，上帝一定不会抛弃他的子民。"此时此刻，洪水已经淹没传教士的半身。冲锋舟也走了，又过了一会儿，一架直升机绕着村子上空进行最后一次搜寻。为了躲避洪水，传教士爬上了教堂顶部的十字架。然而，面对直升机的救援，传教士依然拒绝了。

很快，洪水淹没了整个村子，传教士也因此见到了上帝。一见到上帝，传教士就抱怨道："仁慈的主啊，您为何不愿意拯救您的子民呢？”上帝满怀慈爱地看着传教士，说：“我的孩子，我先后给了你三次逃生的机会，你却都放弃了，我连直升机都派出去了，还能怎么样呢？”传教士说：“我以为您会亲自来救我呢！”上帝无奈地摇摇头：“你一次又一次错过机会，不是我不救你，实在是你不愿意得到搭救啊！”

在这个事例中，传教士一心一意想要得到上帝的援救，却犯了一个致命的错误，那就是上帝未必会亲自现身去救他，而有可能以各种形式给予他生机。而他呢，正因为无法辨识上帝给他的机会，所以才会接二连三错过机会，最终失去了宝贵的生命。

实际上，上帝正代表着人生中的机会。我们一定要记住，机会是以各种面目在诸多时候随机出现的，所以任何时候都不要对机会视而不见，而要努力地把握机会，从而才能掌控命运，也才能在人生中有更多的收获和更美好的未来。

记住，人人都有机会改变人生，最重要的在于对人生要有积极主动的心，也要有永不放弃的希望和坚定不移的信念。在这个世界上，没有免费的午餐，也不会有天上掉馅饼的好事情，更不会有一蹴而就的成功人生。唯有积极地把握命运、操控人生，我们才能成为人生的掌舵手，也才能掌握人生的命运和方向，从容不迫地享受人生。

努力，是为了更多的选择

为什么很多人都说越努力越幸运呢？是因为每个人都有无限的潜能，只有把潜能激发出来，让自己变得更加优秀和强大，才会让自己拥有更多的选择。也许有人会说，选择太多并不是一件好事情，因为过多的选择会诱发人的选择恐惧症，使人不知道应该如何选择，也不知道如何才能在最短的时间内做出决策。那么，当一个人被生活逼迫到无路可走，眼前只有一条路时，难道就很好选择吗？没有人能够保证当生活进行到如此局促的状态时，所面对的那条路还是不是自己想要走的路，还是不是自己想要做出的选择。显而易见，唯一的选择就是最好的选择，这样的巧合出现的概率是很低的。为此，宁愿选择多一点，也不要让自己被生活逼迫着前行。

如何才能开拓人生的天地，让自己的选择变得越来越多呢？很多人都说只有努力才能创造奇迹，其实在创造奇迹之前，努力给我们创造了更多的机会，也使我们拥有更多的选择项。人生之中从未有平白而来的成功，也没有一蹴而就的好事情，只有努力，我们才能突破和超越自我，也才能在做很多事情的时候都激发出自身的潜能。其实，人都是被逼出来的，古人说生于忧患，死于安乐，很有道理。在安逸的环境中，人们总是对于自己已经拥有的一切感到满足，也不愿意去改变。而在忧患的环境中，人们则对于自己的现状很不满意，为此他们最想做的事情就是打破现状、改变现状、重塑自我。也许是让人忧患的现状给了人们无穷的勇气和力量，所以很多生活不如意的人反而有更加决绝的勇气和更加强大的爆发力。因而朋友们，不要总是抱怨自己对于人生选择的权利太少，而是要意识到唯有在人生的道路上不断努力、奋勇向前，才能够欣赏到更多的美景，也才能竭尽全力把一切做得更好。

自从进入大学的第一天开始，安然和若薇就开始了截然不同的生活。她们在高中三年都是好朋友，也如愿以偿考入同一所大学，但是对于大学生活怎么过，两人有不同的设想。安然认为，高中三年那么辛苦，大学终于可以放松一下。若薇觉得，高中三年已经苦过来了，大学也要辛苦一些，才能让自己学到真知识，也才能让自己的未来有更好的发展，将来找工作也会容易很多。为此自从进入大学，安然就每天玩玩乐乐，对于学习完全抱着敷衍了事的态度。而若薇呢，则和高中时代一样保持着好习惯，每天早晨起来跑步、晨读，每天晚上都会在自习室上晚自习，或者去阅览室、图书馆读书。有的时候，安然也会嘲笑若薇是苦行僧，若薇总是笑着对安然说："越努力越幸运，我和你不一样，你的家就在城市里，我家却是农村的，所以我只能靠自己。"

越是美好的时光越是过得飞快，转眼之间，安然和若薇已经开始读大四。其实，若薇从大三就在筹备考研的事情，而安然则是到了大四才从梦中惊醒，发现身边居然有这么多同学要考研。安然慌了神，这才开始四处打听考研的具体问题，若薇给了安然最全面的解答。看着若薇俨然如同考研专家一样把很多考研的注意事项娓娓道来，安然情不自禁对着若薇竖起了大拇指。第一年，若薇就考上了研究生，而安然落选。到了第二年，安然还是落选，不免心灰意冷，决定去找工作。然而，安然的整个大学都是在吃喝玩乐中度过的，不但学习成绩不够优秀，而且也没有参与社会实践的经验，为此找工作接连碰壁，好不容易才找到一个活多钱少的前台文秘工作。

又过去一年，若薇研究生即将毕业，还没有通过毕业论文答辩呢，就收到了好几家公司的邀请函。安然选择了一家自己最喜欢也最有发展前景的公司，加入其中。一上班就如鱼得水，在事业上发展非常顺利。看到若薇的成就，安然很懊悔：原来，我和你差不多成绩进入大学，从考上大学的第一天开始我就输了。

安然说得没错，她的确输了，不是输在天赋上，也不是输在运气上，而是输给了时间。一个人，把时间用在哪里，哪里就会开花结果。很多时候，我们的坚持努力看起来没有那么明显的效果，只是因为努力的积累还不够而已。从现在开始，我们每天都要努力一点点，这样才能积少成多，为未来的成功做准备，也铺垫基础。

现实生活中，总有些人抱怨命运不公，觉得自己从未得到命运的青睐。殊不知，命运总是公平的，它给一个人关上一扇门，就会给他打开一扇窗。最重要的在于，我们要戒骄戒躁，戒掉对于命运的抱怨，才能激发自己的力量，让自己更加全力以赴做到最好，坚持获得成功。只有努力，才有更多的选择，才有更多成功的可能性，也才能让人生的道路越走越宽。否则，如果人生总是浑浑噩噩，也因为吝啬力气而不愿意付出，那么人生的道路就会越走越窄，直到最终无路可走。不要小看眼下这短暂的努力，时间就像海绵里的水，挤一挤总还是有的，如果我们善于珍惜和利用时间，把很多时间都用于坚持做自己喜欢的事情，最终我们的人生一定会开花结果，收获丰实。

此外还需要注意的是，很多人都抱怨自己已经努力了，却没有收到任何效果。实际上，这是因为他们对于努力存在着误解，总觉得只要稍微努力一下，就会收获很多。努力绝不是百米冲刺，更不是偶然爆发一次就可以获得结果的，而是马拉松长跑，一定要有决心和耐力，也要能够坚持到最后，才能获得相应的名次。当我们学会跑人生的马拉松，当我们把努力的力量源源不断地输送出来，我们的努力就会生根发芽，在人生之中长成参天大树。

抓住一切机会，创造人生的辉煌

现实生活中，人人都想抓住机会来创造人生，都想在人生中的关键时刻一鸣惊人，然而，要想抓住机会并不是简单容易的事情，很多时候，越是好机会越是转瞬即逝，所以我们必须更加努力进取，也必须随时做好准备，才能在人生的道路上有更大的进步，有更加快速的成长。还有些朋友对于机会到底是怎样的，根本心中没数，也就没有识别和判断的能力。的确，机会往往会经过一番掩饰出现在人们面前，就像生活中好人与坏人的脸上从来没写字一样，机会的脸上也是没有写字的。所以，不管是真机会还是假机会，不管是大机会还是小机会，我们都要学会甄别，这样才能在机会到来的时候火眼金睛识别机会，也才能在关键时刻当机立断抓住机会。

有人说，机会往往就像小偷，总是悄无声息地来，悄无声息地溜走。它来的时候我们毫无觉察，它走的时候，我们往往会损失惨重。所以，我们一定要在机会到来之前就做好准备，也在机会到来的时候火眼金睛识别机会，还要在认定机会的时候当机立断，努力抓住机会，绝不放过任何机会。记住，机会总是会以各种各样的面貌出现，我们不要因为对机会怀有墨守成规的成见，就认为机会总是特定的模样，不会改变。我们一定要更加迅速地识别机会，果断地抓住机会，才能让一切都朝着我们理想的方向去发展和进步。

19世纪中期，美国西部突然生起淘金热，很多人都前仆后继赶往美国西部，想要从那里找到金矿，从而实现发财的美梦。杰米听说西部有黄金，也忍不住怦然心动，于是当即带着盘缠赶往西部。然而，到了西部杰米才发现遍地都是淘金的人，而且生存环境非常恶劣，甚至连饮用的淡水都很难找到。为此，很多淘金者都渴得嗓子冒烟，嘴唇上起了一层又一层的干皮。有一天，杰米正在淘金的时候，听到身边的人抱怨道："这里虽然有黄金，却没有可以饮用的水，我都快被渴死了，我宁愿用一粒金子换取一瓶水。"杰米听后不由得怦然心动：我来了十几天还没有找到黄金呢，如果我能卖水得到金子，一定会收获很多。

杰米想到了就当即去做，他马上去远处的镇子里买了一辆马车，而且购置了很多盛水的容器。接下来的日子里，他每天一次往返镇子和淘金地之间，把甘甜的淡水卖给那些干得无法忍受的人。果然，他的收获很多，一天下来往往能够赚取很多金子。后来，淘金热渐渐冷却下来，杰米也赚得盆满钵满，他回到家乡开创实业，成为伟大的企业家。

毫无疑问，杰米是一个非常机灵能干的人，所以他才会从淘金热中看到卖水的契机，也通过卖水为自己赚取了人生的第一桶金。在现实生活中，每个人都要非常努力，才能有的放矢做好准备，也才能随时随地都抓住出现在身边的机会。相信在众多的淘金者中一定有人满载而归，同时也一定有很多人没有任何收获。他们如果能和杰米一样成功地发现赚钱的契机，即使不淘金，也可以赚取很多的金钱，这显然在于自己的能力。

用所有时间努力奔跑

几年前的上海马拉松比赛中，有一个非洲小哥获得了很多人的关注。小哥名叫威尔弗雷德，出生在肯尼亚西南部一个经济落后的小城市里面。同其他家庭经济条件足够好，因而选择出国留学的交换生不同，小哥来到中国是为了尽可能多地赚钱。听小哥介绍，他的父亲只是一名普通农民，收入可怜，家中还有5个姐妹，可以说是经济负担非常的重。为此，威尔弗雷德用功读书，想要通过知识改变自己以及家人的命运。最终，威尔弗雷德拿到了宁波大学的全额奖学金，能够来到中国上学。威尔弗雷德的目标是通过大学的专业教育，使自己成为一名合格的工程师。

拿到全额奖学金，来到中国后的威尔弗雷德没有了学费的苦恼，生活费的来源却成了他最大的问题。在同龄人一个电话就能够跟爸爸妈妈要钱的时候，孤身一人独居海外的他却经常为了省钱而忍饥挨饿。有时候，甚至连续好几天才能吃上一顿饭。威尔弗雷德知道，想要解决自己的困境，节省并不是上上策，自己需要尽快找到稳定的收入来源，需要尽快赚到钱。于是，除了课外时间的兼职之外，威尔弗雷德想到了自己的先天优势——跑步。

威尔弗雷德打听到跑赢一场马拉松比赛，奖金可以高达两万块钱。如果能够赚到这两万块钱，不光能够解决自己上学期间的生活费问题，更能够给国内的家人一点经济补贴，改善一下家人的生活。为此，威尔弗雷德利用所有的课余时间不断地练习，希望能够拿到这笔奖金。然而，即便有着过硬的身体素质，马拉松也不是轻松就能完成的任务。何况威尔弗雷德还在一边兼职，一边读书，供养着整个贫困的家庭。不知道吃了多少苦，威尔弗雷德最终成功了，他的事迹也被媒体大量转载，引发了马拉松比赛“黑色旋风”的热潮。

克里斯汀·金博尔曾经说过：“世界上根本就没有逃离这一说，只是用一些困难交换另一些困难而已。”于是，我们看到了有条件的家庭都在供养大学生，没有条件的非洲兄弟却在供养着整个贫困家庭。其实，人生在世，我们每个人都有各自的辛苦所在，所谓成年人的世界里面，从来没有“容易”二字。但仔细想想，其实，我们这一辈子又有谁的生活是容易的呢？既然如此，我们拼的大概就是谁能苦中作乐并坚持到底吧。

曾经在网上看到过这样一则新闻：河南郑州的一个外卖小哥因为送餐晚了十几分钟，被客人退了单，绝望地坐在路边哭泣。或许，你难以想象，仅仅几十块钱的事情，何至于如此。但是，事实是，这位外卖小哥的家中有着一个身患白血病的儿子。小哥每天都要工作16个小时以上，就是为了赚钱给小儿子治病。之前小哥也找过其他的工作，但是都没有送外卖的工资高。于是，尽管辛苦万分，小哥还是选择了送外卖这份工作。而就在当晚，小哥的儿子突然发起了高烧，小哥匆忙从医院买了药送到家里，但紧赶慢赶，还是没能赶上送餐时间。短短的十来分钟时间，顾客就退了单。虽然一份外卖也就二十几块钱，但也意味着小哥之前送的5单，全都白干了。我想，那位顾客也没有想到，自己的一个差评，竟会毁了一个孩子的救命钱。视频中那位小哥的绝望神情还历历在目，看得出，那时的小哥是悲痛欲绝的。

做了母亲以后，每当孩子生病的时候，我总是会有如同小哥一样的绝望时刻，内心无数次地责怪自己的无能，让孩子吃苦受罪。后来，我不断地告诉自己，要坚强，一定要坚强，因为如果害怕，对于子女来说，就是如临深渊。很多时候，生活的艰辛未必会让我们感到绝望，但是涉及自己心之所系、爱之深切的人与事时，我们总会战战兢兢、如履薄冰。但是，片刻的绝望过后，我们还是得告诉自己要振作、要加油，擦干眼泪，一切也就过去了。所谓成熟，就是明明该哭的时候，我们却能选择淡然的笑，不是吗？

我们选择去到大城市生活的理由有很多，但追求的目标应该无外乎寻找更多的发展机会，改变自己以及家人的命运。所以，我们宁愿自己背井离乡，独自打拼。我们希望能够用自己的双手为家人创造出更好的生存环境与条件，希望能够用我们微薄的力量回馈自己的父母，让他们安享晚年。既然如此，既然我们已经做好人生的选择，既然我们已经明确选择的目标所在，那就请选择奋力奔跑，不留遗憾。相信自己，将所有的时间都用于努力奔跑，最终我们一定会达成心愿。

第9章 在失败中汲取营养，去浇灌成功的花蕾

在奔向成功的途中，假如被困难绊倒，需要坚强地站起来继续向前奔跑；假如被挫折困住，需要用越挫越勇的精神战胜它。凡事不可能一次就成功，需要多次的尝试，我们要善于在失败中汲取营养，去浇灌成功的花蕾。

失败是人生进步的阶梯

人生之中，每个人都会有各种各样的境遇，在经历人生的过程中，有的人学会了成长，有的人却因为小小的挫折和磨难就变得沮丧，甚至彻底放弃。心理学家经过研究发现，大多数人的先天条件相差无几，之所以有的人能够成功，而有的人总是与失败结缘，是因为他们面对人生坎坷的态度不同。显而易见，成功者面对失败总是能够再接再厉，从失败中汲取经验和教训，从而让自己不断进步。而失败者面对失败却总是感到万念俱灰，这直接导致他们被失败打败，一蹶不振，也彻底失去了成功的可能性。

在生命的历程中，一切的顺境与逆境都是人生的养料，为此，我们不要奢望一帆风顺，反而是在人生遇到坎坷和挫折的时候，更应该非常努力进取，这样才能在挫折中站立起来，让自己的人生有更好的姿态和成长表现。正如一位名人所说的，失败是成功之母，其实，失败也是人生进步的阶梯。真正的强者未必有多么强大的力量，但是他们的精神非常强大，而且越是在艰难坎坷的时刻越是能够坚持，屹立不倒。所以，他们才可能获得更好的成长和更伟大的成就。

作为华尔街职位最高的女性，花旗集团的执行总裁和首席财务执行官克劳切特当仁不让。然而，人们只看到克劳切特如今的功成名就，却不知道克劳切特的人生曾饱经磨难。从小，克劳切特就是一个很笨拙的女孩，而且学习成绩也不出色，为此班级里的同学经常嘲笑她，她也常常因此陷入自卑的状态，甚至抬不起头来。渐渐地，她变得越来越封闭，甚至连大声说话和微笑都不敢，更别说在愤怒的情况下发泄心中的负面情绪了。

后来，妈妈看出克劳切特的压抑，她给了克劳切特很多的支持和鼓励。在妈妈的强力支持下，克劳切特越来越努力，而且有了很好的收获。她的成绩更加优秀和出类拔萃，她的身姿也越来越灵活矫健，总而言之她就像变了一个人一样。后来，她选择当分析师，但是被华尔街的所有公司拒绝。可想而知，这是多么沉重的打击和无情的否定，不过，克劳切特没有放弃。她被美邦拒绝了两次，也没有放弃继续努力。最终，她为自己争取到机会，成为华尔街上铿锵的玫瑰。相信曾经嘲笑过克劳切特的那些人看到她今日的表现和成就，一定会惊讶得瞪大眼睛，张大嘴巴吧！

还记得《丑小鸭》的故事吗？一开始，丑小鸭不知道自己是白天鹅，为此总是因为自己的丑陋和受到排挤而烦恼，它四处躲藏人们的嘲笑，却在不知不觉间成长。终有一日，它变成了美丽的白天鹅，自己都很惊讶。只要我们坚持努力，人生的蜕变也总是在不知不觉间进行的，当我们坚持努力，总有一天我们会变成让自己都惊讶的出类拔萃者。最重要的在于，我们在生命的历程中不管遭遇了什么，也不管曾经有过怎样的际遇，都一定要足够坚持，都一定要非常努力，而决不放弃。唯有坚持做到最好，我们才能在人生之中获得成功，也唯有坚持到最后，我们才能成为笑到最后、笑得最好的那个人。

不怕失败，就等于成功了一半

人人都渴望功成名就的人生，人人都希望人生能够顺遂如意，然而，人生从来不是一帆风顺的。正所谓人生不如意十之八九，每个人在人生之中都要遭遇坎坷挫折，也要面对诸多磨难。在这种情况下，如何给予人生更好的结局和未来呢？当然，离不开坚持不懈的努力。很多细心的朋友都曾发现，但凡能够获得成功的人，未必有多么与众不同的天赋，或者在才华方面占据多么强的优势，而是因为他们在失败面前能够始终坚持不放弃，知道自己一定要更多一次地在跌倒后站起来，才能让人生拥有更好的未来，也拥有更多的可能性。

很多人都羡慕他人拥有成功的人生，却不知道他人的成功都是在历经艰辛和饱经磨难之后才能获得的。这个世界上从来没有免费的午餐，也没有一蹴而就的成功。一个人要想获得成功，就一定要努力奋斗，就一定要在失败面前坚持不懈，才能距离成功越来越近。记住，成功并没有那么复杂，最简单的成功，就是比失败的次数更多一次，这样人生才能绝处逢生，也才能拥有更好的发展。

大学毕业后，小雅没有和其他同学一样四处找工作，而是选择自主创业。然而，自主创业的道路并不比找到一份好工作更简单，甚至难上加难。因为缺乏经验，空有一腔热血，所以小雅虽然非常努力，甚至已经竭尽全力了，但是却没有顺利地迎来事业，反而接连遭遇失败。她不仅没有挣到钱，而且赔了很多钱，甚至把父母给她的本钱全都赔掉了。

小雅遭到失败的打击之后非常沮丧，也不愿意继续努力了。她沉沦了一段时间，然而，痛定思痛，她决定继续坚持下去，也给自己创造成功的可能性。就这样，小雅利用同学的关系，从银行贷了几万元钱，精挑细选了一个项目，又开始努力。既然实体生意不好做，小雅决定转做网络上的生意。因为小雅读大学时就很喜欢计算机，所以她很快在网络上打开局面。她主要销售孩子用的三角巾、肚兜，女性用的发卡等小玩意儿。这些小玩意儿成本低、利润大，随着销量越来越大，小雅决定开办一家工厂专门生产这些东西，不但供给自己的网店销售，而且也批发给其他的网络店铺。就这样，几年的时间下来，小雅的生意越来越好，成为真正的创业者和小老板。

每个人都渴望人生能够获得成功，然而成功从来不是一蹴而就的。在通往成功的每一条道路上，我们都会遭遇各种各样的困境，也会因此而让自己受到局限和禁锢，这就是追求成功所要付出的代价。

没有人能够一蹴而就获得成功，也没有人的人生道路是一帆风顺的。任何情况下，我们都要坦然迎接人生的逆境，越是在遭遇磨难的时候，越是要鼓起勇气勇往直前，才能在人生中乘风破浪，战胜一切的挫折磨难，获得胜利。当然，每个人在遭遇失败的时候都会觉得内心忐忑不安，殊不知，失败并非是人生的绝境，唯有调整好心态，才能鼓起勇气一直向前，向着人生的巅峰攀登。否则，一旦我们自己心中都觉得沮丧绝望，甚至由此而放弃希望，又如何能够在人生之中有好的发展呢！

坦然面对失败，从容迎接成功

从心理学的角度而言，很多人都有成功恐惧症。一直以来，人们都以为一个人之所以失败，是因为他们缺乏获得成功的天赋和能力，却不知道大多数人之所以与成功绝缘，总是与失败相随，是因为他们发自内心地恐惧成功。看到这里，相信会有很多朋友觉得纳闷：不是应该人人都渴望获得成功吗？为何有人会恐惧成功呢？没错，人们的确会恐惧成功，从根本上而言，他们既恐惧没有十足把握获得的成功，也恐惧成功之后给生活带来的改变。在这双重因素的影响下，内心脆弱的人当然会情不自禁地恐惧成功，就算是强者，也会因为人生中巨大的改变而备感煎熬。

人最可悲的是什么呢？是不敢接受失败，也不敢想象成功。所以要想提升和完善自己，要想拥有真正的成功，我们就要调整好心态，要在失败之中总结经验和教训，也要无所畏惧地迈向成功，不害怕和恐惧成功。从心理的角度而言，要想彻底戒除对成功的恐惧，还是应该从根源处入手，即消除内心深处对失败的恐惧，才能坦然面对失败，也才能从容迎接成功的到来。

小梦从小就是一个很自卑的人，不管做什么事情，她都犹豫不定、瞻前顾后。尤其是在遭到父母的批评和否定时，她更是非常自卑，对自己完全失去自信。正是在这样的状态下，小梦度过了痛苦惶惑的童年时光，后来渐渐地长大，却依然无法摆脱自卑的阴影。

不管做什么事情，小梦都思虑重重。如果说他人的思虑重是思虑周全，那么小梦的忧思重，则是因为过度杞人忧天，也因为极其缺乏自信。有段时间，领导觉得小梦在工作上表现不错，因而有意提拔小梦作为项目负责人，为将来胜任部门主管做准备。别人得到这样千载难逢的好机会，一定会马上抓住，努力表现自己。小梦却不然，她第一时间想到自己如果不能完成领导交代的任务，会导致怎样的后果以及承担怎样的责任。此外，她也害怕自己一旦成为部门主管，就会遭到同事的疏远，陷入复杂的人际关系中。为此，她思来想去，决定向领导请辞，大概意思就是说自己才刚刚工作没多久，工作经验有限，因而不想做项目负责人，想要继续积累工作经验。

理解了小梦所表达的意思，领导觉得很奇怪。但是看到小梦态度坚决，领导还是同意了小梦的请求。此后的三年时间里，小梦始终是默默无闻的小职员，这是因为领导在被小梦拒绝之后，轻易不敢再器重或者提拔小梦了。

毫无疑问，小梦错过了一个千载难逢的好机会。人在职场，都希望自己能够得到领导的认可和赏识，从而为自己在工作上争取更多的好机会。然而，小梦却反其道而行，看起来她是在拒绝成功，实际上她却是在恐惧失败。她怕自己不能如愿以偿获得成功，也怕自己无法面对人生的失败窘境，所以她才会坚决拒绝领导的好意，而愿意继续留在普通的岗位上历练自己。

归根结底，没有勇气面对失败，也不能从容面对成功的人，都是缺乏自信，甚至是极度自卑的人。在人生的境遇中，他们因为自卑而错失人生的机会，陷入人生的困境之中。在这种情况下，一味地抱怨客观外界显然是不足取的，最重要的是要坚持对于人生的信念，这样才能在人生的道路上不断地积累经验，也收获更多。

只有先苦过，才能品味到甘甜

这个世界上从来没有一蹴而就的成功，每个人要想获得成功，定是先要吃足了苦头，才能在拼尽全力之后距离成功越来越近。正如古人所说，只有天时地利人和，才能获得成功。由此可见，只有天赋或者好运气，都不足以使我们收获成功，唯有具备各种条件，我们才能获得成功的青睐，也才能在走向成功的过程中拥有更多，收获更多。人生中有很多的对比，只有先苦过，我们才能品味甘甜，也才能珍惜成功的喜悦。所以在人生中遭遇挫折和磨难之时，千万不要懊恼，而是要庆幸命运给予我们如此多的磨难，让我们苦尽甘来，让我们领悟和品味人生的真谛。

很多人都喜欢刘欢歌唱的《从头再来》，尤其是当生活中遭遇坎坷的时候，一味地沉浸在生活的苦痛中不能自拔，不如勇敢地摆脱痛苦，向前看，让人生更加豪迈，最坏不过是从头再来。否则，在人生中总是畏首畏尾，不能彻底解开心结，放下心头的一切负担，又如何能够把握人生、操控命运呢！尤其是现代社会，大多数人都心怀梦想，都为了实现梦想而努力地打拼，与其沉浸在懊悔之中不能自拔，与其与人生搏斗却毫无收获、一事无成，不如努力地从头再来，让自己鼓起勇气再次缔造人生的奇迹，这是远远比一切的抱怨都更加强大有力的行为表现。记住，一次失败并不能决定人生的成败，有人说年轻就是资本，由此可见年轻人总是可以无数次尝试，最终获得成功。实际上，不仅年轻人拥有很多资本，哪怕已经垂垂暮年，只要心怀希望，也还是可以获得成功的。例如摩西奶奶以76岁高龄拿起画笔，最终成为举世闻名的画家，就是因为她心怀希望，不惧怕生命的流逝。由此可见，对于有勇气的人而言，何时开始都不算晚，哪怕遭遇再多的坎坷挫折，只要心中怀有希望，只要表现出莫大的勇气，人生就是值得期待的，也是值得拼搏和守护的。

1952年初夏的某一天，查德威克准备从卡他林纳岛出发，横渡海峡，游到加州。一旦获得成功，她就将因此而名留青史，成为历史上迄今为止唯一一个成功横渡这个海峡的女性。然而，当天浓雾弥漫，视线很差，查德威克未免心中有些担忧起来。原本，海面上就是一望无际的空旷，如今却弥漫着浓雾，这让查德威克哪怕穷尽目力，也看不到远方的目标。她已经在冰冷的海水中浸泡很久了，此时此刻，她觉得浑身冷得发抖，也觉得前路漫漫，没有目标。即便如此，她依然坚持努力向前游动，希望自己能够顺利抵达加州的海岸。不知不觉间，已经15个小时过去了，查德威克浑身发抖，嘴唇乌青，更是觉得自己已经精疲力竭，不知道自己还要坚持多久才能到达海岸。又坚持了一小会儿之后，查德威克实在无法坚持下去了，因此让随行的护理船上的人拉她上船。这时，和教练在另一艘船上的母亲赶紧鼓励查德威克，并且告诉查德威克只需要再坚持一会儿，就能到达岸边。然而，查德威克穷尽目力望去，只能看到迷茫的海面，丝毫看不到海岸线的存在。精疲力竭的她只坚持了一小会儿，就要求上船。

上了随行的护理船，查德威克捧着工作人员递来的一杯热茶暖手，还不等茶凉呢，她就看到了近在眼前的海岸线。她后悔极了，如果当时能听从母亲的鼓励，继续向前游去，那么也许此时此刻她已经名留青史了。后来，经过充分的准备，查德威克再次尝试横渡海峡，有了第一次的教训，这次她绝不轻易放弃，最终获得了成功。

查德威克第一次横渡海峡之所以失败，是因为天气状况太差，海面上浓雾弥漫，所以她穷尽目力也看不到海岸线，最终终止了挑战。在第二次挑战中，查德威克有了第一次的挑战经验，因而哪怕坚持很难，也绝不放弃，所以才能实现理想，成功地青史留名。

现实生活中，每个人都有义务为了实现自己的梦想而不懈努力，在遭遇各种失败和承受各种痛苦的时候，与其一味地沉浸在痛苦之中无法自拔，不如最大限度激发自身的潜能，从而给予自己更多的希望和更值得憧憬的未来。否则，一旦遇到小小的困难就放弃，无论自身有多么强大的天赋，也无论具备多么好的条件，都无法让人生突破困境、冲破迷雾，更无法获得成功。由此可见，人生之所以先有苦涩，后有甜蜜，就是因为人生从来不是一帆风顺的，也是命运为了让人们更珍惜生命、珍爱生活。不管情况多么恶劣，都要再给自己一次机会，都要让自己再一次鼓起勇气，勇往直前。

永不服输，才能赢得人生

大凡成功人士，都不是因为得到命运的眷顾才获得成功的，而是因为在成功之前遭遇了太多的磨难，而始终坚持不放弃。对于很多不够坚强的人来说，遭遇那么多的挫折原本就该放弃了，但是成功者偏偏不放弃，越是艰难越是坚持，非要比一比自己和磨难，谁的骨头更硬，谁的勇气更大，谁更有毅力，谁更能坚持。在这样的较量和权衡之中，可想而知成功者是笑到最后也是笑得最好的人，所以他们才能在失败之后依然坚定地爬起来，拍拍身上的尘土，继续勇敢地向前，向前，再向前。

不可否认的是，成功者绝非从未失败过。相反，他们甚至比普通人遭遇了更多的失败。尤其是那些明哲保身、不愿意轻易尝试而逃避失败的普通人，几乎没有机会失败，也因此而失去了成功的任何可能。但是成功者却不同，他们不惧怕失败，也不愿意被失败打垮，因而能够从失败中崛起，踩着失败的阶梯继续奋勇向前。每次跌倒了，他们又会努力地爬起来，这样的永不服输，这样的坚持不懈，让他们最终走到成功的终点站，也给予自己的人生一个圆满的交代。所以一个人要想赢得人生，最重要在于不认输，越是失败越是逆流而上，这样才能追根溯源，到达为有源头活水来的地方。

菲尔德准备在海底铺设一条电缆，这条电缆连接美国和欧洲，可想而知工程有多么艰难和浩大。才刚刚开始铺设，就遇到了巨大的困难，用轮船铺设电缆失败了，有一次轮船严重倾斜，险些倾覆。在失败了无数次之后，很多人都动摇了，但是菲尔德坚信这是一项能够获得成功的伟大事业，也坚信这件事情一定能成功。他不顾人们的反对，再次订购电缆，而且寻找更合适的机器铺设电缆。为了准备更充分，他还特别聘请了相关领域的专家，为电缆铺设工作进行不遗余力的努力。然而，电缆很容易被机器扯断，即使没被扯断，也完全没有电流通过，这到底是为什么呢？看到铺设电缆的工作始终没有进展，有些投资者打起了退堂鼓，只有极少的投资者被菲尔德的努力和坚持感动，因而愿意再投入少量资金，以供菲尔德再次尝试。

在最后一次尝试中，也许是命运之神眷顾努力的菲尔德，这次菲尔德居然很顺利地铺设完所有的电缆，而且电流通过很正常，甚至还成功地发送了好几条消息。然而，正当菲尔德准备和投资者一起庆祝时，电流又中断了。

投资者都感到彻底绝望了，再也不愿意给菲尔德注入任何资金。菲尔德不得不四处寻找新的投资者，但是等待着他的依然是毫无休止的失败。不知道在经过多少次失败之后，菲尔德终于获得了成功，电缆中电流稳定、信号清晰，一切消息都可以正常传输了。

在这个事例中，如果不是菲尔德的坚持，在海底架设电缆的工作也许很早以前就已经终止且被彻底放弃了。然而，面对投资者的接连撤资，面对无数的质疑和怀疑，与此同时还要承受失败的打击，菲尔德却始终保持坚强乐观的心态，因而才能最终成功架设电缆，也才能获得人生的成功。

每个人都应该有一颗永不服输的心，也要具备百折不挠、越挫越勇的意志力，这样才能在生活的重压下始终心怀希望，心怀勇气，即使在生命的边缘徘徊，也绝不放弃。

记住，你是自己命运的主宰，你的人生你做主，你是你的上帝，你是你的神！

学习走路，就要摔很多的跟头

有谁能一生下来就得到成功的青睐，而从未尝试过失败的滋味呢？当然不可能。远的不说，只说孩子学习走路，就要摔很多的跟头，才能踉踉跄跄地独立去走，而后又要经历很多磨难，吃一堑长一智，在摔倒之后站起来继续勇敢向前，才能最终更熟练地走路。孩子从出生到渐渐成长，要经历太多的人生第一次，而真正学会和掌握这些第一次，则要求孩子必须承受失败，而且即使遭遇失败也绝不放弃，从而不断超越自己，获得成功。

不仅孩子的成长需要经历重重磨难，就是作为成年人，面对生存压力越来越大的现代社会和竞争日益激烈的现代职场，也需要不断地提升和锤炼自我，才能为自己赢得立足之地，也让自己在站稳脚跟之后取得更好的发展。否则，如果人们在现实生活中总是遇到小小的挫折和坎坷就马上放弃，根本不想方设法战胜困难、超越困境，那么人生的未来也就值得担忧了。

美国的前任总统林肯的一生可谓是倒霉透顶，在成为美国总统之前，他始终与失败纠缠，甚至无法改变命运。

1809年，林肯出生在美国一个普通的农民家庭，因为家境贫困，林肯小小年纪就要跟随父母一起劳作。在进入政坛之前，林肯也曾经从事过很多工作。1832年，他失业了，因为意识到从商很不容易，他才萌生出当政治家的梦想。遗憾的是，他接连两次竞选州议员都惨遭失败。为了维持生计，他不得不再次经商，开创企业，然而企业破产，导致他欠下巨额债务，直到此后17年，他才真正还清债务。不得不说，这次破产让林肯在经济上遭遇了致命打击。

破产之后没多久，林肯痛定思痛，再次决定从政。也许是命运可怜林肯，这次竞选州议员，林肯居然成功了，为此林肯感到非常兴奋，也看到了人生的希望。然而，1835年，林肯在结婚前没多久失去了挚爱的未婚妻，这使他一蹶不振，卧病在床。经过一年多的修养，林肯才渐渐恢复元气，又开始竞选州议员，但是又失败了。几年之后，林肯竞选国会议员，还是以失败告终。接踵而来的失败没有彻底击垮林肯，他再次参加竞选国会议员，终于获得了成功。这是长久以来，林肯第二次获得成功。

很快，国会议员的两年任期结束，林肯想争取连任，却又失败了。林肯退而求其次，想竞选本州的土地官员，却接连两次失败。林肯没有被失败打倒。接下来，1854年他竞选议员失败；1856年他竞选总统失败；1858年他竞选参议院，还是失败。至此为止，林肯已经失败十几次，但是他毫不气馁。最终，林肯在1860年的总统竞选中大获成功，当选美国总统，从此在世界历史上留下了浓墨重彩的一笔。

林肯一生之中经历了无数次失败，也遭受过致命的打击，甚至因此卧病在床，但是他始终不离不弃，绝不放弃对人生的努力和进取。终于，在坚持不懈地努力之后，林肯获得了人生中最大的成功，当选美国总统，由此走入了世界历史。

每个人在人生之中都会遭遇失败，也许次数没有林肯多，但是受到的打击一定不比林肯少。林肯之所以能够获得成功，与他在失败面前保持坚韧不拔的精神是密不可分的。如果林肯在最初遭遇失败的时候就选择彻底放弃，那么他必然不会有后来的辉煌与成就。尽管作为普通人，我们未必能够得到林肯那样的成就，但是最重要的在于，我们在面对人生的坎坷与挫折时，也要勇往直前，努力向前。记住，只有踩着失败的阶梯前进，才能距离成功越来越近。

第10章 勤奋让天资得以发挥，行动让梦想得以成真

勤奋是一种好品质，行动是实践的开始。因为所有的事情都需要通过努力而来，那些成功者往往是付出了常人所没有付出的努力，那些比你优秀的人比你还要努力。勤奋让天资得以发挥，行动让梦想得以成真。

生命因勤奋而熠熠闪光

常言道，好吃莫若饺子，舒服莫若躺着。人的本能是趋利避害，每个人都想做对自己有利的事情，而不愿意做对自己有害的事情，人们更愿意享受，而不愿意辛苦地付出。在这种情况下，懒惰就成为人生的头号公敌，很多人在成长的过程中都会情不自禁有懒惰的坏习惯，也导致精力越来越萎靡不振。要想让人行动起来，精力旺盛，就一定要战胜懒惰，要把每一分精力都用得恰到好处，这样才能最大限度发挥精力的效用，让人生绽放精彩。

当然，好习惯的养成需要漫长的过程，要想戒掉坏习惯，却是很难的。一旦养成了懒惰的坏习惯，就要战胜自己的本能，也要让自己更加全力以赴做得更好。古人云，生于安乐，死于忧患。这正告诉我们如果在安逸的环境中，人是很容易变得颓废沮丧的，也会因为过于安逸舒适而消磨斗志。但是在忧患的环境中，能够让人更加全力以赴去拼搏，也努力地突破和成就自己，这才是最重要的。不得不说，人的劣根性似乎很厉害，这种本能的力量让人很难战胜，为此我们一定要擦亮眼睛，提升自己的能力，这样才能在与各种糟糕本能做斗争的过程中占据上风。

大学毕业后，小米和小叶这对好朋友、好闺蜜就分道扬镳了。小米回到家乡，在父母的安排下当了公务员，每天上班就是喝茶看报纸，日子过得简直且悠闲。而小叶呢，则背起行囊去了大城市打拼，在大城市里四处奔波，努力奋斗，最终找到一份工作稳定下来。

当小米已经在家里张罗着结婚的时候，小叶还住在一间狭窄局促的地下室里，根本不知道如何才能改变自己的现状。但是，小叶没有放弃努力，而是始终坚定不移地向前，全力以赴地拼搏。

十年后，小米整个人都进入养老退休的状态，每天就是接送孩子上学，去办公室喝茶，工作的节奏非常缓慢，一个星期也干不了一天的活儿。而小叶呢，看起来神采奕奕，精神昂然，她完全不像是30多岁的女人，因为精明干练的气质和坚决果断的作风，让她看起来比上大学时还多了几分飒爽的风姿。小米和小叶见面的时候，很难有人相信她们是同龄人，而且曾经是同学。小米养尊处优，虽然整个人状态也不错，但是她却看起来没精打采，似乎生活没了奔头一样。而小叶呢，则正当人生的好年华，说起话来都带着风，走起路来更是精神抖擞。

小米和小叶为何会有这么大的反差呢？小米养尊处优惯了，对于生活处于停滞的状态，为此整个人都很倦怠。但是小叶则习惯于一直努力拼搏，始终都在坚持不懈地努力上进，为此小叶整个人都很挺拔，就像是一棵青松一样生长，挺拔于云霄。

人生来是好逸恶劳的动物，很容易就会沉迷于舒适的生活之中，不愿意继续努力。那么，要想获得成长，要想不懈地进取，人就要战胜劣根性，从而才能让自己变得更加勤奋，生命也会因为勤奋而熠熠闪光。有人曾经说过，万恶之源是懒惰，因为懒惰是一个可怕的细菌，它侵蚀人的心灵。为此，我们要时时刻刻提醒自己戒除懒惰，也要全力以赴驱赶懒惰，这样才能让人生变得更加有动力，也才会让人生有无限美好的前景和未来。当然，克服懒惰不是喊一喊口号就能做到的，而是有技巧的。首先，要保持进取之心，这样才能不断地推动自己努力成长，也以进取心驱散生命历程中的很多坏习惯，让人生拥有更加肥沃的土壤和温床。其次，要学会肯定自己，不要总是拿自己的缺点和别人的优点进行比较，否则就会导致自己失去信心，也会使自己在成长过程中陷入困境。再次，还要制订详细周密的计划。前面说过，人的本能就是好逸恶劳，为此要想战胜懒惰，还要用计划来指导自己，让自己按部就班做好很多事情。最后，要为自己营造良好的学习环境，养成终身学习的好习惯。现代社会，知识更新换代的速度非常快，很多大学生一旦走出大学校园，在学校里所学的知识就已经不那么紧跟时代和潮流了，在这种情况下，就要始终保持学习的好习惯，从而让自己更加努力进取，始终保持积极向上的姿态。

总而言之，人生的时间和精力都是有限的，任何时候，我们都要把最好的精力用在最重要的事情上，而不要总是荒废时间和精力，也导致自己的人生陷入困顿之中，无法获得成长和发展。有人说，你把时间用在哪里，哪里就会开花，那么你就要把时间和精力用在人生中最重要的事情上，从而让人生以最精彩的姿态绚烂绽放！

一步领先，则步步领先

很多勤奋的人都用笨鸟先飞来形容自己的勤奋，这实际上是谦虚之词，意在告诉别人自己只是因为愚笨，所以不得不抢先一步。然而，真相并非如此，因为无数事实告诉我们，有很多聪明人也喜欢先飞，这样就能抢占先机，也能在未来的人生中遥遥领先。很多朋友都有过百米赛跑的经历，那么一定知道在发令枪响后的第一时间内就马上如同离弦的箭一样跑出去，是取胜的关键。有些人反应比较慢，起跑时比别人落后好几步，可想而知这样根本没有可能获胜，因为一旦贻误先机，想在短暂的十几秒钟之内再把成绩追赶上来，是很难的。

也许有人会说，人生不是百米赛跑，而是马拉松，所以根本不用在乎起跑那几秒钟。的确，所谓的人生起跑，是父母在孩子还在娘胎里时就迫不及待开展胎教，是孩子还在襁褓之中时就为孩子联系幼儿园甚至是小学，这是抱着笨鸟先飞的思想帮助孩子占据先机。毋庸置疑，在这个世界上，父母是最了解孩子的人，也不得不承认的是，每个孩子的天赋都是不同的。有的孩子天资聪颖，有的孩子生性愚钝，要想让每个孩子都获得恰到好处的发展，就要因材施教，从孩子的天性出发给孩子确立人生的方向。所以父母一则不能揠苗助长，二则却要引导孩子笨鸟先飞，才能让孩子在人生道路上因为一步领先，而步步领先。

每个孩子都是有梦想的，对于梦想，有的孩子不以为然，有的孩子将其看得很重。实际上，梦想就像是人生的引航灯，从某种意义上决定了人生的发展；梦想又是人生的力量源泉，唯有拥有梦想，人生才能不断向前。最关键的在于，有了梦想之后一定要当机立断展开行动，哪怕能力不足，也要拼尽全力朝着梦想近一步，更近一步。不仅仅是孩子，就是成人，也应该对于自己有清醒的认识，在人生感到吃力的情况下，选择提升和完善自己，不断奔向人生的未来。

大学毕业后，彤彤一时之间没有找到合适的工作，只好委委屈屈地去了一家小公司。进入小公司之后，彤彤发现小公司也有小公司的好处，虽然辛苦一些，但是各个方面的能力却得到了很大的提升。随着工作的不断推进，彤彤渐渐意识到小公司的局限性，那就是晋升的平台有限，很难有好的发展，为此彤彤决定骑驴找马，先拼尽全力做好眼下的工作，再抓住合适的机会跳槽，换取更合心意的工作。

为了在机会到来时能够马上抓住，彤彤除了全力做好眼下的工作之外，还为自己报名参加了技能培训班。她每隔几天就要去培训班上课，一年之后，她顺利拿到了职业技能等级证书。后来，彤彤得知一家大公司正在招聘，就投递出简历。和其他人比起来，彤彤明显具有优势，不但年轻，而且有工作经验，最重要的是还有更多的职业技能。就这样，彤彤如愿以偿进入大公司，又凭着这些年在小公司的摸爬滚打，在大公司里如鱼得水，发展顺利。

在这个事例中，彤彤就有计划地做到了先人一步。当很多同龄人都在因为工作不如意而怨声载道、蒙混度日时，彤彤并不吝啬力气，而是竭尽全力把工作做得更好。在做好本职工作的同时，彤彤还参加了培训班，利用业余时间提升自己的职业技能。最终，她正是凭着职业技能才突出于其他求职者，也才成功地获得了心仪已久的工作。不得不说，在这个人生阶段，彤彤是不折不扣的人生赢家，是值得每个人学习的。

常言道，一步领先，步步领先，不管是对于生活还是对于工作而言，从本质上来说都是一场与自己的较量，也是与他人的博弈。古今中外，大多数成功人士都是能够先人一步的，他们的思想理念更先进，他们的行动更快速，这两个方面结合起来，他们就能在人生中有截然不同的表现，也由此决定了他们人生未来的出路和发展必不相同。

也许有些朋友会说，不知道如何才能做到笨鸟先飞，也没有那样的先见之明。其实，笨鸟先飞和未雨绸缪有着异曲同工之妙，如果在基本认知自身情况的基础上，能够更加坚定不移地走好人生之路，那么人生就会从容不迫，也能够收获丰满。也不乏有些人对于自身的认知非常深刻，因而总是能够一语中的说出自己的弱点和不足，从而调整好自身状态，让自己的人生与梦想接轨。不得不说，很多情况下，梦想与人生的发展是密切相关的，一个人唯有把握先机，抓住机遇，才能实现梦想，才能让梦想成为现实的主宰。尽管很多时候机会出现都是随机的，是不能预见的，但是只要做好充分的准备，并且拥有快人一步的积极性，那么当机遇到来时，还是完全有可能抓住它的。记住，要想距离梦想越来越近，要想实现梦想的可能性无限增大，就不能瞻前顾后、犹豫不决，而是要勇敢地迈出通往梦想的步伐，也要拼尽全力赢得命运的青睐，收获与众不同的人生。

逐个实现目标，奔向梦想终点站

一个人如果面对着世界最高峰——珠穆朗玛峰，一定没有勇气真正地去翻山越岭，到达珠穆朗玛峰的最高点。而一个人如果面对泰山，也许还可以一鼓作气，登顶看日出。实际上，人在一生之中也许要翻越无数的山峰，而把这些山峰加起来，高度甚至可能超过珠穆朗玛峰，那么为何在直接面对珠穆朗玛峰时，大多数人却没有勇气去尝试呢？细心的朋友们会发现，泰山的石阶每过一段就会有个平台，目的是供行人休憩。其实除了休息之外，平台还有另一个作用，就是把石阶分成一段段的，这样看起来就没有那么“恐怖”，也避免了石阶看起来就像天梯一样高不可攀。这是建造石阶者的智慧，他们正是以这样的方式激励登山者奋勇向上。同样的道理，远大的目标固然能够激励人生不断向上，但是过于远大的目标也会让人产生“够不着”的畏惧心理。民间有句俗话，叫作破罐子破摔，如果一个人确定自己再怎么努力也无法实现目标，那么他很有可能因为内心的脆弱和自卑而选择彻底放弃，从而使自己得以逃避这些看似无法完成的艰巨任务。

看到这里，相信有的朋友会感到困惑：不是说目标越远大越好吗？为何又说远大的目标让人望而生畏了呢？别担心，该制订远大目标还是要制订的，只要不偏离实际，不是华而不实就好。在实现目标的时候，也是有技巧可用的，那就是像台阶的建造者一样，把目标也分成一个阶段一个阶段的小目标，这样每当实现一个小目标，我们就会产生成就感，也会拥有自信心，自然能够信心倍增地继续向前了。

从心理学的角度而言，远大的目标在行动之初只能提供大概的方向，甚至会因为过于远大而让人变得自卑、心生疲惫。而近期的目标则往往都是小目标，是稍微努力一下就能实现的，所以能够增强人的信心，使人更加充满勇气。人生之中，既需要远大的目标作为方向的指引，也需要短期内的小目标给人以自信，让人得以检验努力的结果。由此可见，把远大的目标分解成一个个小目标至关重要。古人云，滴水穿石，绳锯木断。看起来，水滴一滴滴地滴落，并没有多么强大的力量，但是经年累月却能把坚硬的石头洞穿，而柔软的绳子也根本不是木头的对手，但是一次又一次坚持去锯木头，绳子居然真的能把木头锯断。不得不说，这正是坚持的力量，也是积累的力量。看起来，那些持续实现人生小目标的人并没有丰收，但日久天长，他们就像爬台阶一样一个台阶一个台阶地向上，最终真的到达人生的巅峰，实现了人生的梦想。而那些一味地盯着远大目标，既不屑于完成小目标，又没有能力一蹴而就完成大目标的人，则被梦想唾弃，任由宝贵的青春年华悄然流逝，再也没有机会真正地实现梦想。

从另一个角度而言，那些分解之后的小目标就像是人生的导向标，让人生一步一个脚印，踏踏实实地奋发向前。所以在确立人生的远大目标之后先不要急于高兴，只有把远大目标合理划分为小的阶段目标，按部就班去实现，才有可能真正实现梦想。

有一年，国际马拉松比赛在日本举行。也许是因为主场吧，有一个叫山田本一的选手赢得了冠军。在此之前，山田本一始终默默无闻，根本没有人想到他能夺得冠军。比赛结束后，记者们蜂拥而至，采访看起来身材矮小、并不强壮的山田本一是如何获胜的。对此，山田本一只是说："凭智慧取胜。"得到这样的回答，记者们显然不满意，众所周知马拉松比赛最考验人的耐力和体力，谁也想不明白马拉松比赛为何会与智慧扯上关系。大家都以为山田本一是在故弄玄虚，因而没有再继续追问下去，还有人觉得山田本一就是侥幸取胜，所以根本说不出子丑寅卯来。

时隔几年，在另一个国家举行的国际马拉松比赛中，山田本一又赢得了冠军。面对记者问出的类似问题，山田本一依然回答"凭智慧取胜"，依然没有博得人们的满意。直到若干年后山田本一出版了自传，人们才知道山田本一"凭智慧取胜"的意思。原来，每次参加马拉松比赛之前，山田本一都会绕着赛道认真观察，并且带着纸笔做笔记，用具有特色的标志物划分赛道。例如他把一座白色的大楼作为第一站，把一棵百年老树作为第二站，把一栋红房子作为第三站……此类推，在其他选手眼中漫长的赛道，在山田本一眼中却只是一站又一站。当很多选手因为感到路途遥远而身心俱疲时，山田本一一站又一站地跑过去，在到达每一站时都会快速冲刺，不但不会觉得身心俱疲，而且能保持快速，所以轻轻松松就赢得了冠军。

山田本一凭着以标志物划分赛道取胜，这的确是凭智慧取胜。面对人生的远大目标，我们如果感到疲惫和无奈，也应该采取这样的方式，把远大目标划分为小目标，这样才能逐个实现目标，也最终奔向梦想的终点站。

伟大的领袖毛主席曾经说过，星星之火，可以燎原。切实有效地迈出通往梦想的第一步，真正展开行动实现每一个阶段的梦想，才能成为梦想达人，才能最终到达人生遥远的目的地。记住，即使千山万水地跋涉，路也要一步一步才能走完，一味地心急根本没有用，唯有砥砺前行，绝不放弃，才能以脚步丈量人生，才能以踏踏实实的每一步实现伟大的人生目标。

每天比别人多出一个小时

每天早起一小时，人生真的会有惊喜的改变吗？举个简单的例子来说，如果一个人喜欢文字，但是文字并不是他的本职工作，那么每天早起一小时，就可以写一些小文章，坚持笔耕不辍，最终在文字的运用方面一定会有极大的进步和良好的发展。

现实生活中，有太多的人都急功近利，因而他们面对生活总是以急迫的姿态，恨不得第一时间就收获人生。殊不知，生命原本就应该是顺其自然的过程，每个人从人生一开始，就要怀着宁静淡然的心态。否则如果总是心浮气躁，则很容易导致事与愿违，也会使事情变得更加糟糕。所以朋友们，一定要戒骄戒躁，不要因为生命短暂、时光仓促，就缺乏耐心去静静等待春暖花开。如今，社会发展越来越快，生活压力越来越大，很多父母望子成龙、望女成凤，因而总是对孩子寄予过多过高的期望。为了不输在起跑线上，孩子失去了原本应该快乐无忧的童年，甚至小小年纪就背负起人生的沉重和无奈。不得不说，父母这么做是非常自私的，与其把所有的梦想都寄托在孩子身上，不如努力提升和完善自己，给孩子树立好的榜样形象。所谓身教大于言传，父母对孩子的言传身教，甚至比学校教育更加重要。从这个角度而言，如果父母也能每天早起一个小时，做自己喜欢的事情，为了实现梦想而不懈努力，那么孩子一定会受到积极的影响，也会更加坚定从容地奔向人生的伟大目标。

当然，理想是丰满的，现实是骨感的，很多人整日应付忙碌的生活和紧张的工作，必然压力巨大，心力交瘁。然而，人生从来无法一帆风顺，总是有很多小小的瑕疵和不能让人如意的地方。在这种情况下，与其一味地为了生活而奔波忙碌，远离梦想，不如最大限度发挥自身的潜能，也学会整合和利用零散的时间，创造生命的奇迹。

朋友们，如果你们对于人生的现状不满意，也对于人生的未来感到迷惘，记住，最重要的不是怨天尤人，也不是杞人忧天，而是从现在开始就努力奋斗，给予人生更多的可能性，让人生更加从容坚定。也许每天只需要多付出一个小时的时间，你就能彻底扭转命运的局势，甚至给予自己期望，让自己有资格拥有美好的未来。不管生活多么忙碌，也不管时间多么紧张局促，我们都要坚定从容，也要拼尽全力挤出属于自己的一个小时。也许有很多朋友迫于生活的压力，不得不从事自己并不那么喜欢的工作，这种情况下，一个小时完全自由的时间，我们必然能更加接近自己的内心，也许还会倾听到心灵深处花开的声音呢！

曾经有心理学家经过研究证实，人与人之间的命运之所以迥然不同，有的人成功，有的人失败，并非因为成功者有着多么高的天赋，也不是因为失败者在很多方面都不如成功者，而是因为他们对于时间的把握截然不同。例如成功者从来不以“没有时间”为借口搪塞人生，敷衍自己，而失败者面对自己不那么想做的事情，张口就说“没有时间”，看起来他们是把事情搪塞过去了，实际上这是对自己不负责任的表现，也是导致失败的直接原因。同样的道理，对待生命，只有态度积极的人才能把握生命的脉搏，而一旦想要在生活中掺假，则一定会得到命运残酷的回报。所以朋友们，从现在开始，努力面对人生吧，唯有坚定不移、勇往直前，才能在人生中的任何境遇都如履平地，才能在生命中最艰难的时刻也微笑以对。当然，这一切的前提是必须学会利用时间，哪怕每天早起一小时，也要在紧张忙碌的生活中拥有自己完全可以支配和使用的时间。

只有行动，才能决定价值

众所周知，好机会总是转瞬即逝的，所以要想抓住机会，一定要把握每一分每一秒的时间，甚至连转瞬的延误都不要有。看到这里，也许有些朋友会感到纳闷，面对人生中出现的机会，如何才能判断这机会会给我们带来成功，还是导致失败呢？不假思索就抓住机会，这也太难了，因为有些人反应比较慢，还得反应一段时间才能切实展开行动呢！这样的思虑当然不是杞人忧天，但是在行动面前任何等待都是浪费时间，这也同样是真理。如何协调好快速反应和及时决断之间的关系呢？这对于每个人而言都至关重要，也是必须面对的问题。

通常情况下，成功者往往是积极主动的，因而我们称呼成功者为主动型性格。与成功者恰恰相反，大多数与失败纠缠的人，不管做什么事情都无法摆脱拖延，这样就会陷入被动之中。认真观察成功者与失败者，我们会发现成功者还有一个特质，那就是立即行动，正是这个特质决定了他们能够始终认真做事，决不放弃。相比他们，失败者做事情的时候都有一定程度的延误，也因为拖延而导致自身的能力下降，甚至使自己完全错过生命中的绝佳好时机。

在现实生活中，最让人感到绝望和无奈的一句话就是“早知道这样，我当初就……”，试问说这句话的朋友们，难道你们不知道时光是不能倒流的，人生也没有回头路可走吗？既然如此，你们为何还要悔不当初呢？很多机会一旦错过，再也不会重新来过。很多时候，一次延误就会让我们错过最佳的行动时机，导致行动拖延。众所周知，在这个世界上，犹太民族是最聪明的民族，他们虽然人口很少，但是却掌握着全世界7%的财富。实际上，犹太人并非生来就很聪明或者出类拔萃，他们最显著的特点就在于任何时候都能当机立断，绝不把任何事情拖延片刻。正是这样的行动力和果断力，才让犹太人在全世界都享有盛誉，也才让犹太人成为不折不扣的最聪明的民族。

对于成功，很多人都存在误解，即觉得有些人之所以获得成功，就是因为独具天赋。事实却告诉我们，成功者天赋平平，并没有过人之处，而他们之所以能够获得成功，是因为他们总是能够抓住机会，果断地展开行动，而绝不犹豫片刻。很多在北上广深等一线城市生活过的朋友都知道，身边有相当一部分人都希望有朝一日能够逃离大城市，回到安逸舒适的小城市生活。然而实际上，这样的逃离往往是某些人的口号，也许他们在短暂的时间内无数次说起要逃离的事情，但是实际上却从未真正动过逃离的心思，更没有切实回到家乡考察或者真正离开大城市。如此一来，他们陷入对大城市日复一日的厌弃中，甚至不知道怎样才能摆脱困境。

很多人都喜欢著名的影星索菲亚，然而，却很少有人知道索菲亚最初只是一名歌剧演员，是在学习歌剧的过程中，她才树立了梦想，希望自己能够花费一年的时间周游世界，去纽约发展，去荧屏上崭露头角。索菲亚并非平白无故说起自己的梦想，而是在一次演讲比赛中说起的。没想到，演讲比赛结束后，一位老师找到她，询问她是否真的拥有这个梦想，索菲亚点点头。老师说："既然你真的有梦想，为何不现在就去做呢？就算你学习歌剧毕业，与你现在就去努力拼搏成为一名影星，也并没有什么区别啊？"索菲亚觉得老师言之有理，因而连连点头："好的，一年后环游世界结束，我就去。"老师依然不依不饶地追问："你今日就去当影星，和你环游世界结束后有什么区别呢？"索菲亚陷入沉思，说："我应该这个学期结束后就去！"老师哑然失笑："与其等到学期结束，为何不现在就去呢？"

就这样，在老师的启发下，苏菲亚非但没有等到学习歌剧结束，也没有等到一年后，更没有等到学期结束，也没有等到一个月甚至一个星期后，而是当机立断订好去纽约的机票，次日就乘坐飞机去了纽约，开始了为成为影星而打拼的历程。最终，凭借着刻苦努力，也凭借着分秒必争的精神，索菲亚成功地在百老汇崭露头角，最终成为举世闻名的影星。

如果不是得到老师的启发，索菲亚也许在学习歌剧毕业之后，再也没有了当初的热情要成为伟大的影星。正是在老师的激励下，她才片刻也不耽误地走向成功的人生，也从容地改变了命运的安排，把握了自己的人生和命运。从索菲亚的亲身经历中我们不难看出，一个人要想获得成功，要想距离成功越来越近，要想避免虚度人生，最重要的就是马上展开行动。

在羡慕那些成功者的时候，朋友们，不要再一味地被成功者身上的光环所迷惑，而要清楚地意识到成功者之所以能够获得成功，就是因为他们绝不放弃、勇往直前、马上行动的勇气和魄力。从现在开始，就让我们向着人生的目的地出发吧，也许你就是下一个成功者。即使失败了也没关系，因为你的未来把握在你的手中，你就是自己生命的导演，就是人生的掌舵手，就是不容忽视的自己的神和上帝！

第11章 做好小事和细节，向往成功的人永远不能怕麻烦

细节和小事成就完美，不管我们从事什么样的工作，在生活中扮演着什么样的角色，都应该从点滴入手，从细微处着手，认认真真对待每一个细微之处，把每一个细节做到位。做好小事和细节，向往成功的人永远不能怕麻烦。

如果没有苦涩，就不会有甜蜜

人生之中，如果没有丑的衬托，就不会有美的呈现；如果没有苦涩，就不会有甜蜜。所以很多事情都是相辅相成、相互承载的。当你遭遇失败的时候，一定不要抱怨和沮丧，而是要意识到，必须为成功寻找方法，而不要为失败寻找借口。只有在这种心态的指导下，你才会更加坦然地面对失败，也才会积极地从失败之中汲取经验和教训，从而不断地提升和完善自己，助力自己获得成功。

中国地大物博，不但有着上下五千年的文化和悠久的历史，而且不同的地方也往往有着不同的风土人情和风俗习惯。在有的地方，就有这样的一个风俗，那就是当新生儿出生的时候，先以黄连水喂给婴儿，再以甘草水喂给婴儿。众所周知，黄连是很苦涩的，而甘草则带有微微的甘甜，这样给新生儿喂水，正是寓意新生儿的人生先苦后甜，是对新生儿的祝福之意。

常言道，甘蔗没有两头甜，这也告诉我们任何事情都有两面性，而不可能面面俱到，全部都占据利益。现代社会，很多人都会犯的一个错误，就是好高骛远，眼高手低，从来不愿意吃苦。很多才从大学毕业的年轻人，就希望找到旱涝保收，既有高工资又有好福利的工作，还很清闲。试问，这怎么可能呢？而一旦在工作中遇到困难的时候，他们就会放弃，以这样的方式来避免吃苦。殊不知，在这样的人生态度之下，他们人生未来的路只会越走越窄，也只会越来越难走。要知道，要想找到一份理想的工作，除了要有高学历之外，还要有丰富的工作经验，也要有不离不弃的吃苦精神，只有在坚持进取的过程中，人才能越来越努力，持续地进步和成长起来。所以不能吃苦的人，注定未来要受苦，而吃苦在前的人，才会在生活和工作中渐渐地驾轻就熟，也就会获得更大的进步和更快速的成长。

在中国台湾，很多人都知道王永庆的大名。实际上，王永庆并非一开始就很出名，而是从穷苦人家的孩子渐渐成长起来的。小时候，王永庆的家里特别穷，而王永庆又排行老大，为此常常需要帮助父母做很多的事情，也要照顾好弟弟妹妹们。每天早晨，他都早早起床为家里挑水，才上完小学，他就辍学回到家里，四处打工帮助父母贴补家用。他来到一家米店里当伙计，把活儿干得特别好。父亲看到王永庆很机灵，意识到王永庆有经商的头脑，因而四处借钱，最终凑够了几百元钱，为王永庆租了一个店面开米店。这个米店很小，而且位置非常偏僻，在当时米店很多的情况下，王永庆要想把米店经营好是很难的。但是，王永庆很用心地为米店寻找出路，他发动全家人把米里的小石子、小沙子都拣出来，这样一来，得到了很多主妇的青睐，也大大节省了主妇们做饭耗费的时间。后来，王永庆又提出送米上门的服务，他专门准备了一个小本子，每当觉得顾客家里的米快要吃完的时候，就会把米送过去。有的时候，顾客家里的米没有吃完，他还会用心地把新米倒入缸底，而把陈米放在上面。有些顾客经济紧张，王永庆就先送米上门，等到顾客开支的日子，再去收取米钱。就这样，王永庆米店的生意越来越好，也越做越大。有了稳定的顾客群之后，他租了更大的店面，而且用店面的后院作为碾米的加工厂，自己碾米，一则有了更大的利润空间，二则也可以保证顾客吃到最新鲜的米。

如果没有吃苦的精神，王永庆只顾着抱怨，哪里还会有后来的成就呢？所以说，吃得苦中苦，方为人上人，是很有道理的。我们一旦走入社会就要摆正心态，脚踏实地地吃苦，这样才能最大限度接受生活的磨炼，也才能激发自身的潜能，把人生经营得更加成功。

吃点苦没关系，如果不曾挨饿，就不知道馒头的香甜；如果不曾身心疲惫地坚持过，就不知道床的舒适与安眠的可贵。命运从来不会一帆风顺，也没有任何人的人生会顺遂如意，既然如此，我们就要做好吃苦的准备，也提升吃苦的能力，从而才能在吃苦之后迎来人生的柳暗花明，也得到人生更丰厚的馈赠。

生命不息，折腾不止

人生之中，很多人都特别纠结，他们前半生觉得很多事情都很麻烦。例如有些女孩从小学习钢琴或者舞蹈，学着学着就放弃了，而有些男孩学习跆拳道或者武术，学着学着也放弃了。等到终有一日长大成人，看到他人的成功，他们未免感到很羡慕，内心深处也因为自己的不曾坚持，而感到遗憾和困惑。殊不知，任何人的成功都不可能轻易获得，唯有在人生中饱经磨难的时候坚持不懈，勇敢地面对人生，才能突破人生的困境，也才能超越自己，给予人生更多的可能性和更充实的未来。

记得曾经热播的电视剧《我的前半生》中，罗子君的人生鲜明地分为前半生和后半生，也因为离婚而拉开人生的序幕。不得不说，罗子君真正是前半生过得光鲜亮丽，在走入后半生之时，因为婚姻的变故，她先是感到遗憾和煎熬，后来由此而崛起，彻底改变了命运，也找到了人生的转折点。虽然罗子君最终的结局很好，但是如果她能够把努力的顺序提前，那么她就能在人生中有更好的发展，也能够拥有一生的成功。记住，对于任何人而言，只有前半生不怕麻烦，努力去做，才能最大限度发掘出人生的潜力，也才能成功地减少后半生的麻烦，让自己的后半生变得更加顺遂如意。

很多人都喜欢吃黄瓜，那么就会知道，黄瓜的一头是甜

的，另一头是苦涩的。有的人喜欢从黄瓜苦的一头开始吃，而大多数人都喜欢从黄瓜甜的一头开始吃，这恰恰代表了两种截然不同的人生观点，即有人喜欢先苦后甜，而有人则喜欢先甜后苦。我们无法评价喜欢先甜后苦的人是出于怎样的心态，但是却知道每一个喜欢先苦后甜的人，都是希望在人生中先付出，然后才能得到更多，收获丰满。从这个角度而言，每个人都不要抱怨命运的安排不公平，也不要抱怨人生中有太多的挫折和磨难，而要知道每个人都是被上帝咬过一口的苹果，人人都有自己的优势和劣势，在人生中也有截然不同的命运。归根结底，人生不会一帆风顺，而是如同逆水行舟，不进则退。在人生的旅途中，人人都要成为掌舵手，才能驾驶命运之舟奋勇向前，勇往直前。

有人说人生苦短，如同白驹过隙般转瞬即逝，也有人说人生是漫长而又难熬的，会因为生命中的挫折和磨难，导致人们不得不面对更多的困境，甚至是绝境。我们要说，人生从来不会平白无故就得到幸福。一个人在人生中如果想有小小的收获，就要努力地付出，坚持不懈，持之以恒，从而才能在人生的逆境中崛起，也才能在人生中有好的发展和未来。

正如人们常说的，生命不息，折腾不止。对于这句话，很多人将其理解为充满奋斗的精神和活力，也始终斗志昂扬面对人生的一切困厄。既然如此，我们还能在人生开始之初去刻意逃避吗？当然不能。记住，对于人生而言，最美好的姿态就是努力从容，也是决不放弃。越是在人生中遭遇困境和绝境的时候，我们越是要拥有坚定不移的信念，这样才能不忘初心，最终获得想要的人生。否则如果一个人在面对人生的困境时，轻而易举就放弃了，那么他将很难得到命运的青睐和馈赠，也根本不可能在人生中有好的发展和丰实的收获。

心中一盏明灯，照亮未来

办法都是想出来的，如果一个人从来不积极主动地想办法，那么最终的结果就是被困难彻底阻碍，根本没有任何解决问题的可能性。那么如何想方设法呢？首先要坚持原则，不要随意地就放松原则，否则就会导致做人无底线，做事无原则，也使得最终想出来的办法遭人唾弃。其次，努力地改变自我，拓宽思维。众所周知，很多人思考问题的时候总是因循守旧，坚持那些糟糕的思路，采取那些毫无成效的办法，最终导致命运陷入困窘之中，无法自拔。最后，发掘人脉的力量。所谓一个篱笆三个桩，一个好汉三个帮，每个人在做人做事的过程中遇到困难时，都要学会利用人脉的资源和力量，这样才能最大限度解决问题，也才真正改变困境。

现实生活中，很多人因为人生的困厄而感到疲惫不堪，甚至对生活失去希望和勇气。然而，真正困厄他们的并非是那些难题，而是他们沮丧绝望的心，也是他们日渐干涸的心灵。勇敢的人都知道，人生从来没有后悔药可以吃，更没有回头路可以走。一个人要想在人生之中突破困境，最重要的是拥有坚定不移的心，也要心怀希望，才能从容不迫地解决问题，也才能激发出人生所有的力量，成为命运的主宰和人生的舵手。

很久以前，新婚不久的艾玛和丈夫一起去到沙漠中生活。艾玛的丈夫是陆军军官，所以要去沙漠之中的基地开展相关的训练工作。丈夫深知沙漠中的生活枯燥乏味，因而劝说艾玛留在大都市，等着自己回来。然而，艾玛为了证明自己是可以与丈夫同甘共苦的，执意要与丈夫一起前行。就这样，艾玛来到了沙漠里。沙漠里的生活完全超乎艾玛的预料，不但特别炎热，而且枯燥乏味。沙漠里夜晚很冷，而白天的温度则很高，哪怕躲在巨大的仙人掌下面，也会感觉到热浪逼人。

后来，丈夫跟随部队去沙漠腹地进行集训，军营里，只剩下艾玛一个人孤独地生活。艾玛根本听不懂沙漠中印第安人的语言，为此感到非常苦闷，也打起了退堂鼓。艾玛给父母写信，说自己要马上回到都市去，再也不愿意留在沙漠这个鬼地方。很快，艾玛就接到了父亲的回信。父亲的回信很短，只有一句话："两个囚犯住在同一个牢房里，一个人只会低头去看，他只看到泥巴地，而另一个人则总是从窗户仰望星空，每次都能看到满天繁星。"看完这封信，艾玛心中豁然开朗，她决定学习后一个囚犯看到满天繁星。为此，她当即改变心态，主动学习知识，研究沙漠里的植物。后来，艾玛还与当地人相处良好，当地人常常把舍不得出售的陶瓷和手工编织的地毯等送给艾玛。

几年后，等到离开沙漠的时候，艾玛不但已经成为熟悉沙漠气候、日夜星辰和动植物的专家，而且根据自己的沙漠生活写了一本畅销书，也让更多人通过她的书更了解了沙漠。

人人都能改变自己的人生，这是因为人生大多数情况下是由人的心境决定的。现实生活中，一个人如果怀着悲观的态度看待生活，那么他看到的一切都必然是黯淡无光的。相反，一个人如果能怀着积极的心态面对生活，那么他就能看到生活值得期许和憧憬的一切，人生也会变得精彩和充实。

人人心中都需要有一盏明灯，这样在面对人生中不可战胜的困难和看似黑暗的境遇时，才有心灯可以照明，也才能让人生进入与众不同的境遇之中，从而拥有更好的发展和未来。否则，心中充满阴霾，人生又怎么可能始终昂扬向上、努力奋发呢？希望不但是人生的灯，也是人生的未来，更是人生的阳光雨露。

做好每件小事，积跬步以至千里

古人云，一屋不扫，何以扫天下。这句话告诉我们，任何人要想做成大事情，必须从小事情开始做起，否则总是小事情不愿意做，或者不屑于做，而大事情又做不好，那么人生就会陷入困顿状态，止步不前，没有任何进步。也许有些朋友会说，只做那些小事情，对于我们的成长没有任何好处。其实不然，每一件大事情，都是由若干小事情组合起来的。换而言之，如果连小事情都做不好，是根本无法做好大事情的。载人宇宙飞船之所以能飞上天空，不是因为它是一体成型的，也不是因为它被人当作大事去做。而是因为它是由无数的小部件和小零件组成的，是因为每一个负责生产零件的人都很认真细致，把小事情当成大事情去认真对待，为此宇宙飞船才能建造好，也才能以过硬的质量飞上太空。

在人生之中，我们一定要端正心态，不要犯眼高手低的错误。很多人都眼高手低，他们觉得自己的能力很强、志向远大，为此只想一蹴而就获得成功，或者想一步登天，省去努力和奔跑的过程。殊不知，没有任何人可以安享现成的人生。任何人想要在人生之中有所收获，就必须非常努力进取、坚持不懈，唯有如此，才能不断地积累经验，由量变引起质变，也才能让自己在人生之中获得腾飞的机会。

如今，很多人都喜欢日本的产品，是因为日本的产品做工精细，而且品质优良。例如东芝、松下等，都是日本知名品牌。然而，日本品牌之所以能够走出日本，走向世界，并不是轻松就实现的，这些企业在发展的过程中也常常遭遇危机，也需要坚持下去，渡过难关，才能取得成功。

1952年，日本的东芝电器积压了大量电风扇，这些电风扇占用了公司的大量资金，导致公司周转困难，资金链面临即将断裂的危险。为此，东芝电器的7万多名员工都想方设法地拓展销路，推销电风扇，但是取得的效果却很差。正在公司的生存面临困境的关键时刻，有个普通员工发现了一个别人都没有注意到的细节。原来，当时各家电器公司生产的电风扇都是黑色的，为此这个员工灵机一动提出："为何不把电风扇的颜色变成浅色呢？随便什么颜色都好。"这个建议一经提出，就受到领导的重视。上层领导在紧急召开会议进行商讨之后，决定投入第一批电风扇进行实验，把电风扇变成浅蓝色。让所有人都难以置信的是，浅蓝色的电风扇投放市场之后反响特别好，引发了抢购的热潮。在很短时间内，东芝电器就把积压的产品销售一空，而且一度浅色电风扇供不应求，工厂还得加班加点地赶工。如今，电风扇的颜色很多，款式也很多，这就是因为人们越来越关注细节。

从以前人们在购买产品的时候更注重产品的性能，到如今人们在购买产品的时候，因为产品的功能基本都能满足人们的需求，所以更多的人更加关注产品的款式、颜色、性价比等因素。因此，产品不再像以前那么单一，而是变得越来越丰富，可供人们选择的空间也越来越大。在上述事例中，原本滞销的电风扇，只是因为改变颜色，就马上变成了畅销品，不得不说，这样对于细节的用心，对于销售的促进作用是很大的。实际上，改变电风扇的颜色并不是一个技术活儿，最重要的是要想到这个细节，就可以做到成功。

很多时候，人们的思维会被固有的经验限制和禁锢，如在东芝改变电风扇的颜色之前，所有人，包括生产者和消费者在内，都认为电风扇的颜色理所当然应该是黑色的。如果没有人打破这个传统，也许在很长时间内电风扇依然是黑色的，而不像今天这样五颜六色非常漂亮。约定俗成的力量是很强大的，它最可怕之处在于使人们无法意识到自己的故步自封和墨守成规。就像一个人要想改正错误，必须先知道自己到底哪里做错了一样，人固然要推陈出新，不断创新，但是首先要意识到哪些地方是很闭塞的，是需要不断突破和创新的。由此可见，打破思维的墙很重要，只有形成创新意识，具备创新精神，我们才能在成长的道路上关注那些小细节，也全力以赴把细节做好，从而让自己越来越接近成功。

任何时候，都要把小事看在眼里，只有做好每一件小事情，才能积跬步以至千里，才能积小流以成江海。尤其是很多小事情之中还隐含着契机，隐藏着机会，我们就更要透过现象看本质，才能积极地把握机会。一屋不扫，何以扫天下。只有更加关注和做好细节，我们才能获得更多的机会，也才能更加接近成功。

开动脑筋，想办法解决问题

现实生活中，很多人面对各种困境，常常就会陷入自卑、沮丧与绝望的情绪之中无法自拔，于是轻而易举地就选择了放弃。殊不知，这样放弃尽管暂时避开了一个难题，但是从长远的角度来看，只会导致自己陷入更大的困境之中。因为一旦养成轻易放弃、畏难的坏习惯，未来就会更加小看自己，不管做什么事情都会很犹豫，也会失去很多机会。

正如人们常说的，只要精神不滑坡，办法总比困难多。更多的时候，我们需要努力成长，坚持不懈，才能更加全力以赴做好自己该做的事情。尤其是在面对很多看似绝境的困境时，我们就更加要加强自己的精神，磨炼自己的意志，从而脚踏实地、一步一个脚印地去解决问题。记住，人生中从来没有一蹴而就的成功，我们往往看到别人一夜成名，拥有好运气，却不知道别人所表现出来的漫不经心，其实都是努力用心的结果。如今，人在职场，很多人都面临困境，这是因为他们根本没有全力以赴去做事情，而总是吝惜力气，不愿意拼尽全力去付出。实际上，任何质的飞越都要有一个量的积累，任何人生的成功都离不开成长的必然。我们只有一步一个台阶往上攀登，才能最终有所成就，到达人生的巅峰。

作为一个内向的女孩，她从未想过要从事销售工作，实际上当初背起行囊离开家乡的时候，她只想要找一份安静的文员工作。但是只有高中学历的她，形象也不是特别出众，即使对于工作的要求不那么高，也没有如愿以偿找到合适的工作。眼看着带来的盘缠就要花光了，她不得不选择进入一家门槛很低的化妆品公司，开始推销化妆品。

化妆品公司的销售门槛很低，薪水也很低。在这个租一间地下室都要1000多元的城市里，她的底薪才1000块。为此，她选择和一个陌生的女孩合租一间地下室，剩下的钱就只够她每天舟马劳顿坐车的。为了节省开支，她每天拎着化妆品在外面跑来跑去，只能吃一个大煎饼果腹。一个月下来，鞋底都磨穿了，她却连一套化妆品都没有推销出去。和她一起进入公司的人里，有好几个人已经放弃了，但是她却选择继续坚持。

眼看着又一个月即将结束，她在工作上却还是毫无起色。为此，她决定拿出自己的钱购买一些小样，送给客户们试用。她在心里告诉自己：我要再给自己一次机会！就这样，她每去一个地方，就会给咨询的顾客送一些小样，并且留下她们的电话，定期进行回访。功夫不负有心人，半个月之后，她开了人生的第一单，卖出去一套化妆品。此后的日子里，她的化妆品推销业绩越来越好。几年之后，已经成为销售总监的她辞职，开了属于自己的第一家化妆品店，后来更是接连开了好几家连锁店。回想起曾经的迷惘和困惑，回想起那段住在地下室里的日子，她很骄傲。

正是因为走过了那段艰难困苦的日子，她才有了今日的成就。为此，她才会为曾经的艰难感到骄傲，也才会对于今日的自己感到非常欣慰。任何时候，我们都不要对人生感到无奈，只有勇敢地激励自己、成就自己、我们才能想出好办法来解决问题。记住，问题是不会自己凭空消失的，我们只有开动脑筋，努力地想办法解决问题，才能更加有的放矢地去成长。

在日常生活中，如果你总是对自己说没办法，就要小心了。因为如果你一直这样自暴自弃，不愿意开动脑筋去想办法，不愿意努力尝试去把事情做得更好，你就会变得越来越懒惰，也就会变得越来越困惑。记住，办法总比困难多，也要相信自己是最优秀的，你才能激发自身的所有力量，也才能够让人生绽放出与众不同的光彩来！

把小事做细，把细事做透

记得有一次，单位里面组织我们外出旅游，每个人都可以带上家属，几乎所有的同事都将自己的父母带了过来，唯独坐我旁边的一个同事只带了她的父亲过来，据说母亲因为生病留在家里，而我当时只带了自家的妹妹，刚好人少便同他们分在了一组。一路上，她父亲每走到一个景点，要么跟她母亲语音说我们到了哪里哪里，在做些什么，要么就顺手发上一段视频让她老妈欣赏。我便嬉笑着跟她打趣道："看来，你从小到大吃的狗粮不少啊。"同事听了哈哈大笑，对我说，你可看出来了。接着，她回头朝她父亲说道："亲爱的父亲，全宇宙的人都知道你有多爱咱妈了，你不用这样隔三岔五地就跟妈妈报告吧，妈妈知道你跟我在一起，对你还是很放心的。"她老爸立刻回头朝她比画了一个拳头，笑骂着说道："死丫头，你知道什么？"接着，却颇有点语重心长地对我们说道："你换位思考一下，如果你男朋友出去大半天的时间也不吱一声，也不告诉你他的行程安排，你会是什么感受？相反，如果他每去一个地方，都会跟你讲，每遇到什么好东西都会跟你分享，你会不会很开心？"

同事父亲的话语给我留下了很深的印象，确实，仔细想一下，如果你的爱人和家人能够将他正在感受的每一个美好都与你分享，你自然是万般欢喜的。想起我父母之间的相处之道，似乎也是差不多的模式。老爸但凡出门，总会隔着几个小时就给母亲发个信息聊一聊，哪怕双方各自都在忙着，却还是喜欢将各自的手机开着免提互相聊着，等到一方有事必须挂断手机的时候才会挂断。我时常打趣他们都老夫老妻了，还在我们面前秀恩爱，这是故意炫耀给我们看呢。尽管是句玩笑话，妈妈还是故意满不在乎地说："就你爸那个德行，跟我聊这么久的天，我还嫌他烦呢，可他就是要找我，你说我能怎么办。"嘴上这么说，但妈妈的脸上却是掩藏不住的笑意。

想一想，一个人将自己全部的世界都给了她，既有繁花似锦的星光璀璨，也有柴米油盐酱醋茶的和风细雨，共同成就彼此生命中的小确幸，又如何能够不让她痴迷，不让她流连忘返呢？所谓细微之处能够得见爱的深度，明明忙得焦头烂额，还是会为了所爱的人放慢速度，展现温柔。即便是走过了千山万水，最念念不忘的还是自己心中的爱人，这样的爱情又怎会不让人艳羡，不让人想要学着拥有。

人生在世，永远都不要忽视掉细微之处的幸福，更不要吝啬你我之间感情的表达，或许有时候，你一句俏皮的"亲爱的"就足够让你的爱人、家人乐上半天。哪怕是主动将你的手机屏幕换成你们两个人的恩爱照，他看见后虽然表面不动声色，心中却一定花团锦簇。这样的道理和处世之道其实适用于维系所有的感情，不论是爱人之间还是家人之间，只要学会用心经营，就一定能够收获到更多的美好。

我母亲自幼便是一个极度要强的人，在教育问题上，对待我们一向很强势。在我成家以后的一段时间，母亲搬过来与我们住在一起，白天我们上班的时候就帮我们照看孩子，处理家务，确实非常的辛苦。于是，有一段时间，母亲总是没来由的就心情烦躁，我们有一点小事做得不到位就会惹得她爆发，整个家里到处弥漫着紧张的气氛，让人心生压抑。而我当时刚好在单位里接手一个新的项目，项目的难度比较大，时间也很紧张，高压之下，我整个人的神经都处于紧绷状态，经常在单位里加班到很晚，回来以后也还是满腹心思地想着项目的事情，不能专心带娃，帮母亲分忧，就连周末也都一直在忙自己的事情。

终于有一天，母亲彻底爆发了，要立刻收拾东西回老家，说是见不到我们也就不用管这些让她烦心的事，心情自然也就好了。母亲的爆发虽让我有点委屈，但更多的却是慌乱。我明白母亲这是积怨已久，也是心生疲累，她此刻的情感爆发不是在朝我们发难，而是在向我们求助。想明白这一点以后，我开始调整自己的时间安排，将自己手上的所有事情都列了一个计划明细，让自己严格按照计划实行，工作日的晚上尽量回来帮助母亲减轻负担，周末就挑一天时间好好陪伴孩子，带她出去玩耍，给妈妈足够多的独处和休息时间。除此之外，由于深知母亲大人的脾性，我还找到了一个让她开心的小窍门：每天早上起床以后，用欢快的声音向她问好，帮她开始一天的好心情。每每故意向妈妈撒娇从背后抱住她，或者俏皮地喊她一声“亲爱的麻麻”都能够让母亲喜不自胜、开怀大笑。而我自己也仿佛回到了小时候，能够同母亲撒娇卖萌。

情绪只是我们生命中的一件小事，一个很小的细节，但却是我们生活中不可或缺的一个重要组成部分。或许，在很多人的潜意识里面，会觉得这些小细节做或不做，都不会对我们家庭的关系走向产生多么重要的影响，便觉得多一事不如少一事。但是，感情并不只是一个瞬间，也不是某个时刻，更不只是一时的感觉，而是我们互相之间一段长长的时光。在我们同家人、爱人相处的这一生中，只要有感情的存在，就需要我们学会添砖加瓦，学会悉心浇灌、用心呵护，这样的感情才能长久，才会坚固。

不光是与家人和爱人之间相处的点点滴滴，细节的重要作用还体现在我们生活的方方面面。例如工作中与上司或者是同事之间相处沟通的点滴，再如每日的穿着打扮，你看似不经意的一些小细节却是你在别人眼中的印象组成，一个标签形成的原因所在。由此，千万不要忽视细节在我们生活工作中的重要作用，别人对你的第一印象往往就来自你身上的诸多细节反映出的行为习惯和生活品质。其实想想，你对别人印象深刻的一些点，也都是从细节中来的，不是吗？因此，从今天开始，学会做好你手边的每一个细节，不要让它成为你前进的阻碍；学会注重细节，考究细节，让它成为你前进路上的顺风车，带你走得更快更远。

参考文献

[1]黄桐. 总有一次哭泣, 让人瞬间长大[M]. 武汉: 长江文艺出版社, 2013.

[2]廖玮雯. 迷失的时候, 选择更艰辛的那条路[M]. 南京: 江苏文艺出版社, 2015.

[3]韦娜. 世界不曾亏欠每一个努力的人[M]. 天津: 天津人民出版社, 2015.

[4]王辉. 身在泥泞之中, 仍要仰望星空[M]. 北京: 台海出版社, 2018.